建筑与市政工程施工现场专业人员继续教育教材

建筑施工安全事故案例分析

中国建设教育协会继续教育委员会　组织编写

曾庆江　编

中国建筑工业出版社

图书在版编目（CIP）数据

建筑施工安全事故案例分析/ 中国建设教育协会继续教育
委员会组织编写. —北京：中国建筑工业出版社，2015.7
（建筑与市政工程施工现场专业人员继续教育教材）
ISBN 978-7-112-18392-0

Ⅰ.①建…　Ⅱ.①中…　Ⅲ.①建筑工程-工程事故-事故分
析-继续教育-教材　Ⅳ.①TU714

中国版本图书馆 CIP 数据核字（2015）第 202966 号

本书从事故相关的基本概念、案例及分析、法律法规三方面入手，介绍了安全
生产管理的有关要求，并按照"类别典型、处理严格、教育深刻"的原则，对建筑
行业高处坠落、坍塌、物体打击、起重伤害、机械伤害、触电、火灾等事故类型进
行了重点分析，特点是图文并茂、内容翔实、资料准确，可借鉴性强。读者可从中
了解相关法律、法规和有关技术规范要求，从中吸取事故教训，有助于提高施工企
业关键岗位人员的安全意识、法律意识。

责任编辑：朱首明　李　明　李　阳
责任设计：李志立
责任校对：李欣慰　赵　颖

　　　　　建筑与市政工程施工现场专业人员继续教育教材
　　　　　　　　建筑施工安全事故案例分析
　　　　　中国建设教育协会继续教育委员会　组织编写
　　　　　　　　　　曾庆江　编
　　　　　　　　　　　　*
　　　中国建筑工业出版社出版、发行（北京西郊百万庄）
　　　　　　各地新华书店、建筑书店经销
　　　　　　北京红光制版公司制版
　　　　　　廊坊市海涛印刷有限公司印刷
　　　　　　　　　　　　*
　　开本：787×1092 毫米　1/16　印张：6　字数：145 千字
　　　2016 年 3 月第一版　　2018 年 5 月第五次印刷
　　　　　　　　定价：**18.00** 元
　　　　　　ISBN 978-7-112-18392-0
　　　　　　　　　（27639）

建筑与市政工程施工现场专业
人员继续教育教材
编审委员会

主　任: 沈元勤

副主任: 艾伟杰　李　明

委　员: (按姓氏笔画为序)

参编单位：

中建一局培训中心

北京建工培训中心

山东省建筑科学研究院

哈尔滨工业大学

河北工业大学

河北建筑工程学院

上海建峰职业技术学院

杭州建工集团有限责任公司

浙江赐泽标准技术咨询有限公司

浙江铭轩建筑工程有限公司

华恒建设集团有限公司

序

　　建筑与市政工程施工现场专业人员队伍素质是影响工程质量、安全、进度的关键因素。我国从 20 世纪 80 年代开始，在建设行业开展关键岗位培训考核和持证上岗工作，对于提高建设行业从业人员的素质起到了积极的作用。进入 21 世纪，在改革行政审批制度和转变政府职能的背景下，建设行业教育主管部门转变行业人才工作思路，积极规划和组织职业标准的研发。在住房和城乡建设部人事司的主持下，由中国建设教育协会主编了建设行业的第一部职业标准——《建筑与市政工程施工现场专业人员职业标准》JGJ/T 250—2011，于 2012 年 1 月 1 日起实施。为推动该标准的贯彻落实，中国建设教育协会组织有关专家编写了考核评价大纲、标准培训教材和配套习题集。

　　随着时代的发展，建筑技术日新月异，为了让从业人员跟上时代的发展要求，使他们的从业有后继动力，就要在行业内建立终身学习制度。为此，为了满足建设行业现场专业人员继续教育培训工作的需要，继续教育委员会组织业内专家，按照《标准》中对从业人员能力的要求，结合行业发展的需求，编写了《建筑与市政工程施工现场专业人员继续教育培训教材》。

　　本套教材作者均为长期从事技术工作和培训工作的业内专家，主要内容都经过反复筛选，特别注意满足企业用人需求，加强专业人员岗位实操能力。编写时均以企业岗位实际需求为出发点，按照简洁、实用的原则，精选热点专题，突出能力提升，能在有限的学时内满足现场专业人员继续教育培训的需求。我们还邀请专家为通用教材录制了视频课程，以方便大家学习。

　　由于时间仓促，教材编写过程中难免存在不足，我们恳请使用本套教材的培训机构、教师和广大学员多提宝贵意见，以便我们今后进一步修订，使其不断完善。

中国建设教育协会继续教育委员会

2015 年 12 月

前 言

　　保障劳动者在生产过程中的安全和健康是我们党和政府一项重要政策和一贯方针，《安全生产法》明确提出"安全生产工作应当以人为本，坚持安全发展，坚持安全第一、预防为主、综合治理的方针，强化和落实生产经营单位的主体责任，建立生产经营单位负责、职工参与、政府监管、行业自律和社会监督的机制"。

　　建筑业是我国国民经济的支柱产业之一，属于劳动密集型行业，参加施工的人员特别多。由于建筑业具有产品固定，人员流动大、露天施工、立体交叉作业多、建筑物变化大、形状不规则等特点，施工中危险性大，工作条件差、不安全因素多且点多面广，预防难度大。由于工人缺乏必要的安全知识和自我保护意识，违章作业比较严重，建筑施工企业管理又跟不上、措施不力等原因，导致建筑施工事故频繁，人员伤亡、财产损失十分严重。发生在施工过程中的各种事故，不仅给国家财产带来了无法估量的经济损失，还给受到伤害的个人及家庭带来了巨大的伤痛。

　　本书从事故相关的基本概念、案例及分析、法律法规三方面入手，介绍了安全生产管理的有关要求，并按照"类别典型、处理严格、教育深刻"的原则，对建筑行业高处坠落、坍塌、物体打击、起重伤害、机械伤害、触电、火灾等事故类型进行了重点分析，力求图文并茂、内容翔实、资料准确，可借鉴性强。读者可从中了解相关法律、法规和有关技术规范要求，从中吸取事故教训。同时希望藉此来提高施工企业关键岗位人员的安全意识、法律意识，并应用到建筑施工企业管理工作当中，积极实践、创新发展。

　　安全是构建和谐社会的基础，安全是人民生存和发展最基本的条件，安全工作只有起点，没有终点。现实生活中无数的事实告诉我们，凡是无视安全的行为必将付出惨痛的代价；无数伤亡事故向我们警示，违章指挥、违章作业是安全生产工作的大敌；惨痛的教训告诉我们无视规章制度的行为都可能会遗憾终生。事实证明，只有将安全工作放在首位，才能保障经济效益的提高和社会环境的稳定。"安全"是生产的永恒话题，让安全的警钟长鸣，安全从我做起。

　　本教材由中建一局集团安装工程有限公司曾庆江编写。由于时间仓促，书中难免有不妥之处，敬请广大读者批评指正。

目　　录

一、基本概念

（一）安全生产事故的概念、原则及事故认定

1. 安全生产事故

是指生产经营单位在生产经营活动中发生的造成人身伤亡或者直接经济损失的事故。

2. 安全生产事故四原则

（1）严格依法认定、适度从严的原则；

（2）从实际出发，适应我国当前安全管理的体制机制，事故认定范围不宜作大的调整；

（3）有利于保护事故伤亡人员及其亲属的合法权益，维护社会稳定；

（4）有利于加强安全生产监管职责的落实，消灭监管"盲点"，促进安全生产形势的稳定好转。

3. 房屋建筑事故认定

1）由建筑施工单位（包括无资质的施工队）承包的农村新建、改建以及修缮房屋过程中发生的造成人身伤亡或者直接经济损失的事故，属于生产安全事故。

2）虽无建筑施工单位（包括无资质的施工队）承包，但是农民以支付劳动报酬（货币或者实物）或者相互之间以互助的形式请人进行新建、改建以及修缮房屋过程中发生的造成人身伤亡或者直接经济损失的事故，属于生产安全事故。

3）认定程序：

地方政府和部门对事故定性存在疑义的，参照《生产安全事故报告和调查处理条例》有关规定，按照下列程序认定：

（1）一般事故。造成3人以下死亡，或者10人以下重伤，或者1000万元以下直接经济损失的事故，由县级人民政府初步认定，报设区的市人民政府确认。

（2）较大事故。造成3人以上10人以下死亡，或者10人以上50人以下重伤，或者1000万元以上5000万元以下直接经济损失的事故，由设区的市级人民政府初步认定，报省级人民政府确认。

（3）重大事故。造成10人以上30人以下死亡，或者50人以上100人以下重伤，或者5000万元以上1亿元以下直接经济损失的事故，由省级人民政府初步认定，报国家安全监管总局确认。

（4）特别重大事故。造成30人以上死亡，或者100人以上重伤，或者1亿元以上直接经济损失的事故，由国家安全监管总局初步认定，报国务院确认。

（5）已由公安机关立案侦查的事故，按生产安全事故进行报告。侦查结案后认定属于刑事案件或者治安管理案件的，凭公安机关出具的结案证明，按公共安全事件处理。

（二）相关概念解析

1. 安全、危险

安全与危险是相对的概念，它是人们对生产、生活中是否可能遭受健康损害和人身伤亡的综合认识，按照系统安全工程的认识论，无论是安全还是危险都是相对的。

根据系统安全工程的观点，危险是指系统中存在导致发生不期望后果的可能性超过了人们的承受程度。

从危险的概念可以看出，危险是人们对事物的具体认识，必须指明具体对象。如危险环境、危险条件、危险状态、危险物质、危险场所、危险人员、危险因素等。一般用危险度来表示危险的程度，在安全生产管理中，危险度用生产系统中事故发生的可能性与严重性给出，即 $R = f (F, C)$（R—危险度；F—发生事故的可能性；C—发生事故的严重性），顾名思义，安全为"无危则安，无缺则全"，安全意味着不危险，这是人们传统的认识。按照系统安全工程观，安全是指生产系统中人员免遭不可承受危险的危险。在生产过程中，不发生人员伤亡、职业病或设备、设施损伤或环境危害的条件，是指安全条件。不因人、机、环境的相互作用而导致系统失效、人员伤害或其他损失，是指安全状况。

2. 危险源、重大危险源

从安全生产角度，危险源是指可能造成人员伤害、疾病、财产损失、作业环境破坏或其他损失的根源或状态。危险源：可能导致人身伤害和（或）健康损害的根源、状态或行为，或其组合。健康损害：可确认的、由工作活动和（或）工作相关状况引起或加重的身体或精神的不良状态。危险源辨识：识别危险源的存在并确定其特性的过程。为了对危险源进行分级管理，防止重大事故发生，提出了重大危险源的概念。从广义上说，可能导致重大事故发生的危险源就是重大危险源。

但各国政府部门为了对重大危险源进行安全生产监察，对重大危险源作出了规定。我国标准《重大危险源辨识》GB 18218—2000 和《中华人民共和国安全生产法》对重大危险源分别作出了明确的规定。《中华人民共和国安全生产法》第九十六条的解释是：重大危险源，是指长期地或者临时地生产、搬运、使用或者储存危险物品，且危险物品的数量等于或者超过临界量的单元（包括场所和设施）。

在标准《重大危险源辨识》中，给出了爆炸性物质、易燃物质、活性化学物质和有毒物质等共 142 种物质生产场所和贮存区的临界量。

无论是重大危险源的范围，还是重大危险源临界量，都是为了防止重大事故发生，从国家的经济实力、人们对安全与健康的承受水平和安全监督管理的需要出发，随着人民生活水平的提高和对事故控制能力的增强，重大危险源的规定也会发生改变。

3. 事故、隐患

在《现代汉语词典》中对事故的解释是，事故多指生产、工作上发生的意外的损失或灾祸。会计师算错账，造成了不必要的麻烦，发生了工作疏忽事故。企业生产中，发生有毒有害气体泄漏，造成意外的人员伤亡，发生了安全生产事故。在生产过程中，事故是指造成人员伤亡、伤害、职业病、财产损失或其他损失的意外事件。

从这个解释可以看出来，事故是意外事件，该事件是人们不希望发生的；同时，该事件产生违背了人们意愿的后果。如果事件的后果是人员死亡、受伤或身体的损害就称为人员伤亡事故，如果没有造成人员伤亡就是非人员伤亡事故。

事故有很多种分类方法，我国在工伤统计中，按照导致事故发生的原因，将工伤事故分为 20 种，分别为物体打击、车辆伤害、机械伤害、起重伤害、触电、淹溺、灼烫、火灾、高处坠落、坍塌、冒顶片帮、透水、放炮、瓦斯爆炸、火药爆炸、容器爆炸、其他爆炸、中毒、窒息、其他伤害等。

事故隐患分类复杂，其与事故分类有密切关系，但又不同于事故分类。本着尽量避免交叉的原则，综合事故性质分类和行业分类，考虑事故起因，可将事故隐患归纳为 22 类，即火灾、爆炸、中毒和窒息、水害、坍塌、滑坡、泄漏、腐蚀、触电、坠落、机械伤害、煤与瓦斯爆炸、煤与瓦斯突出、公路设施伤害、公路车辆伤害、铁路设施伤害、铁路车辆伤害、水上运输伤害、港口码头伤害、空中运输伤害、航空港伤害、其他隐患等。

4. 安全生产管理

安全生产管理是管理的重要组成部分，是安全科学的一个分支。所谓安全生产管理，就是针对人们生产过程中的安全问题，运用有效的资源，发挥人们的智慧，通过人们的努力，进行有关决策、计划、组织和控制等活动，实现生产过程中人与机器设备、物料、环境的和谐，达到安全生产的目标。

安全生产管理的目标是，减少和控制伤害，减少和控制事故，尽量避免生产过程中由于事故所造成的人身伤害、财产损失、环境污染以及其他损失。安全生产管理包括安全生产法制管理、行政管理、监督检查、工艺技术管理、设备设施管理、作业环境和条件管理等。

安全生产管理的基本对象是企业的员工，涉及企业中的所有人员、设备设施、物料、环境、财务、信息等各个方面。安全生产管理的内容包括：安全生产管理机构和安全生产管理人员、安全生产责任制、安全生产管理规章制度、安全生产策划、安全生产培训教育、安全生产档案等。（2011 年：相关方：工作场所内外与组织职业健康安全绩效有关或受其影响的个人或团体。文件：信息及其承载媒体。记录：阐明所取得的结果或提供所从事活动的证据的文件。）

二、建筑施工安全事故案例及分析

（一）建筑施工安全事故主要类型、定义及案例分析

根据住房和城乡建设部发布的《2014 年房屋市政工程生产安全事故情况通报》中的统计分析：2014 年，房屋市政工程生产安全事故按照类型划分，高处坠落事故 276 起，占总数的 52.87%；坍塌事故 71 起，占总数的 13.60%；物体打击事故 63 起，占总数的 12.07%；起重伤害事故 50 起，占总数的 9.58%；机械伤害、车辆伤害、触电、中毒和窒息等其他事故 62 起，占总数的 11.88%（图 2-1）。

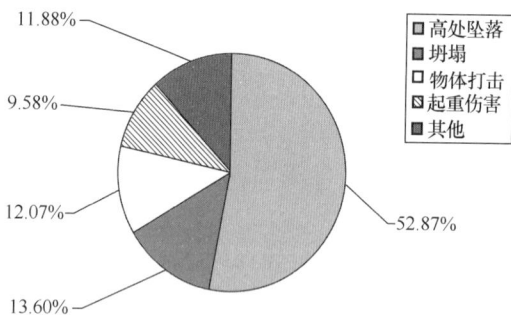

图 2-1　事故比例

值得注意的是，近年来坍塌和起重机械事故多发，并且易发生较大以上事故。根据《2014 年房屋市政工程生产安全事故情况通报》，从事故类型来看，模板支撑体系坍塌和起重机械伤害较大事故共 17 起，占较大及以上事故起数的 58.62%，仍是房屋市政工程重大危险源。

火灾事故由于统计口径问题未在《2014 年房屋市政工程生产安全事故情况通报》中出现，但在实际建筑施工过程中仍属于多发事故，且社会影响较大、群死群伤事故较多。

1. 高处坠落

1）定义

高处坠落事故是由于高处作业引起的，故可以根据高处作业的分类形式对高处坠落事故进行简单的分类。根据《高处作业分级》（GB/T 3608—2008）的规定，凡在坠落高度基准面 2m 以上（含 2m）有可能坠落的高处进行的作业，均称为高处作业。

2）事故案例及分析

××研发实验楼工程工地高处坠落事故

发生时间：2007 年 5 月 17 日 6 时 20 分左右

发生地点：海淀区××研发实验楼工程工地

事故类别：高处坠落

伤亡情况：死亡 1 人

（1）事故简介

2007 年 5 月 17 日，在海淀区××研发实验楼工程施工现场发生一起高处坠落事故，

造成1人死亡。事故发生后××有限公司项目部生产经理孙××等相关人员，驱车将尸体转运至河北定州市殡仪馆，后被驾车司机举报。

该工程由××集团公司第五研究院投资建设。2007年11月22日，××集团公司第五研究院与××有限公司签订了该项目的劳务分包合同。事故发生时工程正处于主体结构施工阶段。

2007年5月17日6时左右，××劳务公司架子工班长王××安排未取得架子工从业资格证书的施工人员付××违规从事主体地上一层东北角外挑架立管的搭设作业。6时20分左右，未将安全带系在固定物上的付××不慎从地上一层直接坠落到坑内后死亡，坠落高度约为12m。

（2）事故原因

① 直接原因

违规作业是事故发生的直接原因。××劳务公司施工人员付××，不具备架子工特种作业操作资格，在未将安全带系在固定物上的情况下，违规从事外挑架立管的搭设作业，导致事故发生。

② 间接原因

未依法管理特种作业是事故发生的间接原因。××劳务公司违反国家关于特种作业人员的管理规定，在明知付××未取得架子工从业资格证的情况下，指派付××从事脚手架的搭设作业，最终引发事故。

（3）事故责任分析及处理意见

① ××劳务公司施工人员付××，在未取得架子工特种作业资格，不具备架子工相关作业技能，未将安全带系在固定物的情况下，违规从事脚手架搭设作业，导致事故发生。其行为违反了《中华人民共和国安全生产法》的相关规定，对事故发生负有直接责任。鉴于其在事故中死亡，故不再追究其相关责任。

② ××劳务公司未依法履行安全生产管理职责，对施工现场特种作业活动及特种作业人员安全管理松懈，在明知付××未取得架子工特种作业资格证的情况下违章指挥，指派其从事脚手架的搭设作业，最终酿成事故。其行为违反了《中华人民共和国安全生产法》、《安全生产事故报告和调查处理条例》的相关规定，对事故发生负有间接的管理责任。依照《中华人民共和国安全生产法》、《安全生产事故报告和调查处理条例》的相关规定，海淀区安全生产监督管理局依法对××劳务公司进行行政处罚，北京市建委停止××劳务公司在北京市建筑市场投标60天。

③ 该项目劳务介绍人卜××在事故发生后，策划并参与将尸体转移至河北省定州市殡仪馆。其行为违反了《安全生产事故报告和调查处理条例》的相关规定，对瞒报事故负有直接责任。由于卜××的行为已涉嫌犯罪，公安机关将对卜××立案侦查，依法追究其刑事责任。

④ ××建筑公司项目部孙××作为该项目的生产经理，在事故发生后参与策划并组织实施了事故隐瞒及尸体转移的全过程，且在事后逃逸。其行为违反了《安全生产事故报告和调查处理条例》的相关规定，对事故的发生及瞒报负有重要责任，由于孙××的行为已涉嫌犯罪，公安机关将对孙××立案侦查，依法追究其刑事责任。

⑤ ××劳务公司生产经理李××、架子工班组长王××未依法履行安全生产职责，

对施工现场特种作业活动及特种作业人员安全管理松懈，王××违章指挥不具备架子工特种作业资格的付××从事脚手架搭设作业，酿成事故，并在事故发生后参与将尸体转移至河北定州市殡仪馆。李××、王××的行为违反了《安全生产事故报告和调查处理条例》的相关规定，对事故瞒报负有相应责任。由于李××、王××的行为已涉嫌犯罪，公安机关将对孙××立案侦查，依法追究其刑事责任。

⑥ ××建筑公司研发试验楼（c3）项目负责人马××，未依法履行安全生产管理职责，对项目部管理失控，致使项目部相关负责人在卜××的指使下，对发生的事故隐瞒不报，故意破坏事故现场，转移销毁有关证据。马××的行为违反了《中华人民共和国安全生产法》、《安全生产事故报告和调查处理条例》的相关规定，对事故瞒报负有主要的管理责任。依据《中华人民共和国安全生产法》、《安全生产事故报告和调查处理条例》的有关规定，海淀区安全生产监督管理局依法对马××进行行政处罚，北京市建委停止马××执业资格12个月。

⑦ ××公司作为事故发生单位，未依法落实安全生产责任制及规章制度，未对所辖的项目部实施有效的监督、检查，对该项目部的聘用人员管理缺失，致使该项目部管理混乱，在事故发生后隐瞒不报，故意破坏事故现场，转移销毁有关证据。该公司的上述行为违反了《安全生产事故报告和调查处理条例》的有关规定，依据《安全生产事故报告和调查处理条例》的相关规定海淀区安全生产监督管理局依法对该公司进行行政处罚，北京市建委在全市对该公司进行通报批评，暂扣其安全生产许可证60天。

（4）专家点评

这是一起典型的由于违章指挥、违章操作、现场管理缺失造成的生产安全责任事故。而且，在事故发生后，事故单位相关管理人员法律意识淡薄，恶意瞒报事故，性质极其恶劣。应从事故中吸取的教训：

① 增强法制观念。生产经营单位要加强法制教育，提高法制观念，履行安全生产主体责任，在事故发生后，应及时救治伤员、采取措施保护现场，并按要求向政府有关部门进行报告。

② 施工单位应加强安全管理，对特种作业人员应严格审核，持证上岗。

③ 加强对作业人员的安全教育培训，提高安全生产自我保护意识，做到"三不伤害"，即不伤害自己、不伤害别人、不被别人伤害。

2. 坍塌

1）定义

指物体在外力或重力作用下，超过自身的强度极限或因结构稳定性破坏而造成伤害、伤亡的事故，如挖沟时的土石塌方、脚手架坍塌、堆置物倒塌等，不适用于矿山冒顶片帮和车辆、起重机械、爆破引起的坍塌。

2）事故案例及分析

××海水游泳馆坍塌事故

发生时间：2008年4月23日9时40分左右
发生地点：北京××海水游泳馆拆除施工现场
事故类型：坍塌

伤亡情况：死亡 1 人

（1）事故简介

2008 年 4 月 23 日 9 时 40 分左右，在北京××海水游泳馆临时办公用房拆除过程中，发生一起坍塌事故，造成 1 人死亡。

北京××海水游泳馆项目，施工单位为××建设集团有限公司。该工程于 2004 年 12 月开工，2007 年 10 月初主体工程完成。

2008 年 4 月 11 日，××建设集团有限公司将工地临时办公房、水泥板房、旧围挡瓦等拆除材料卖给李××、王××。2008 年 4 月 15 日，李××、王××将临时办公房（两层结构，面积 256m² ）的拆除材料卖给北京××体育健身有限公司。2008 年 4 月 16 日，北京××体育健身有限公司将工地两层临时办公室的彩钢板及钢骨架的拆除工程包给伊××（个人）

2008 年 4 月 16 日起，伊××派人开始拆除该两层临时办公室，至 4 月 22 日，办公用房仅剩余一层顶板及中间 4 块彩钢板，4 月 23 日，北京××体育健身有限公司派 4 名工人拆除一层顶板，同时史××等 4 名工人继续拆除彩钢板，在其拆完最后一块彩钢板后，临时办公室从西向东倒塌，将史××砸伤，经抢救无效死亡。

（2）事故原因

① 直接原因

作业人员缺乏拆除作业的专业技术知识，未按照从上至下、逐层分段拆除的原则作业；施工方未为从业人员配备劳动防护用品，且未采取支护措施是此次事故发生的直接原因。

② 间接原因

伊××未对施工人员进行拆除方面的安全教育培训，未编制施工组织设计或安全专项施工方案。北京××体育健身有限公司未与承包方订立书面合同，明确双方的权利、义务及安全责任，现场安全管理存在漏洞等是造成此次事故的间接原因。

（3）事故责任分析及处理意见

① 伊××存在违反安全规定，未为作业人员配备劳动防护用品或进行拆除方面的安全教育培训，未编制施工组织设计或安全专项施工方案等问题，对事故的发生负有责任，已被公安机关刑事拘留。

② 北京××体育健身有限公司存在未与承包方签订书面合同，划分发包单位与承包方的安全管理责任，施工现场的安全管理存在严重的漏洞等问题，对事故的发生负有责任，北京××体育健身有限公司主要负责人未督促、检查本单位的安全生产工作，及时消除安全生产事故隐患，对北京××体育健身有限公司及其主要负责人进行行政处罚。

③ 责成北京××体育健身有限公司对此次事故其他负有责任的相关人员作出处理，并将处理情况报事故联合调查组。

（4）专家点评

这是一起由于现场管理混乱、违反拆除操作规程导致的生产安全责任事故。应从事故中吸取教训：

① 总包单位应履行主体责任，对分部分项工程进行分包时，应严格审查分包单位的

资质，确保其具有从事该项工程的能力，要与分包单位签订《安全生产协议书》，明确双方的安全生产责任。

② 总包单位应督促分包单位加强对所属人员的管理及培训教育，强化现场的监督管理，确保施工安全。

③ 对于危险性较大的分部分项工程开始前，应制订相关的专项方案，经专家论证通过，并严格按照专项方案施工，没有方案不得施工。

④ 施工单位应为作业人员配备相应的劳动防护用品。

3. 物体打击

1）定义

物体打击是指失控的物体在惯性力或重力等其他外力的作用下产生运动，打击人体而造成人身伤亡事故。不包括主体机械设备、车辆、起重机械、坍塌等引发的物体打击。

2）事故案例及分析

××大厦物体打击事故

发生时间：2006 年 12 月 16 日 10 时 50 分左右

发生地点：北京市崇文区××大厦

事故类别：物体打击

伤亡情况：死亡 1 人

（1）事故简介

2006 年 12 月 16 日，××大厦施工现场发生一起物体打击事故，造成 1 人死亡。

该工程发包单位是北京市××食品公司，总包单位是北京××建筑工程有限公司，劳务分包单位是四川省江油市××建设劳务开发有限公司。2006 年 12 月 16 日 10 时 50 分左右，××大厦施工现场在浇筑基础底板三段混凝土的作业时，运送混凝土的罐车司机马××进入施工现场，站在泵车动力区附近距混凝土输送管 1m 处，观看混凝土浇筑情况时，泵管管卡发生崩裂，管件将其击伤致死。

（2）事故原因

① 直接原因

输送混凝土的泵管管卡崩裂，罐车司机马××安全意识不强，站在泵管危险区域内。

② 间接原因

泵管动力区内无危险警告标示；施工现场安全管理不到位；安全检查不到位，对现场存在的事故隐患未及时消除。

（3）事故责任分析及处理意见

北京××建筑工程有限公司安全生产责任制度落实不到位，对该工程安全管理不到位，安全生产主要负责人未按有关规定及时检查、发现事故隐患，导致事故发生。以上事实违反了《中华人民共和国安全生产法》第 17 条第 1 款第 4 项 "生产经营单位的主要负责人对本单位安全生产工作负有下列职责：督促、检查本单位的安全生产工作，及时消除生产安全事故隐患" 的规定。对该单位采取强制措施，暂停施工 10 天。

根据《安全生产违法行为行政处罚办法》第 36 条第 2 款第 1 项 "发生重伤事故或 1至 2 人死亡事故的，处 2 万元以上 5 万元以下的罚款" 的规定，决定给予北京××建筑工程有限公司项目经理部李××处罚款的行政处罚。

四川省江油市××建设劳务开发有限公司，现场安全管理不到位，未按有关规定及时检查、发现事故隐患，以上事实违反《中华人民共和国安全生产法》第17条第1款第4项"生产经营单位的主要负责人对本单位安全生产工作负有下列职责：督促、检查本单位的安全生产工作，及时消除生产安全事故隐患"的规定。根据《安全生产违法行为行政处罚办法》第36条第2款第1项"发生重伤事故或1至2人死亡事故的，处2万元以上5万元以下的罚款"的规定，决定给予四川省江油市××建设劳务开发有限公司现场经理冯××处罚款的行政处罚。

（4）专家点评

这是一起由于违反劳动纪律，现场安全管理工作缺失而引起的生产安全责任事故。应从事故中吸取的教训：

明确各方的主体责任。总包单位应建立健全安全生产管理制度，督促参建各方落实安全生产责任制。加强安全生产培训教育，强化隐患排查和日常管理。依据国家标准、规范进行建筑施工生产。避免隐患长期存在，最终酿成事故。

强化建立职责。要切实提高监理人员的业务素质，认真履行监理职责，加强对施工生产的关键环节、关键工序的安全监督，发现隐患及时监督整改。发挥第三方安全监督的作用。

强化技术管理。利用班前讲话和安全技术交底提升操作人员安全生产意识。对设施、设备和工具做到"使用前检查、使用中检查、使用后检查"，及时发现故障和隐患，避免事故的发生。科学管理，利用技术手段检测发现设备存在的不良现象，及时修复或更换，使设备处于良好状态。从根本上杜绝事故发生。

强化自我保护意识。进入施工现场的人员应了解周边的环境，避免在易燃、易爆场所、承压管道容器周边、基坑临边、在建物下方围观或停留，做到"三不伤害"即"不伤害他人、不伤害自己、不被他人伤害"，增强自我保护意识。

4. 起重伤害

1）定义

起重伤害事故是指在进行各种起重作业（包括吊运、安装、检修、试验）中发生的重物（包括吊具、吊重或吊臂）坠落、夹挤、物体打击、起重机倾翻、触电等事故。

适用于统计各种起重作业引起的伤害。起重作业包括：桥式起重机、龙门起重机、门座起重机、塔式起重机、悬臂起重机、桅杆起重机、铁路起重机、汽车式起重机、捯链、千斤顶等作业。如：起重作业时，脱钩砸人，钢丝绳断裂抽人，移动吊物撞人，钢丝绳刮人，滑车碰人等伤害；包括起重设备在使用和安装过程中的倾翻事故及提升设备过卷、蹲罐等事故。

2）事故案例及分析

××商住楼工程起重伤害事故

（1）事故简介

2008年7月14日，陕西省宝鸡市××商住楼工程施工现场，发生一起塔式起重机在顶升过程中倒塌的事故，造成3人死亡、3人受伤，直接经济损失155万元。

该工程共30层，1、2层为商场，3层以上为住宅，建筑面积45000m²，合同造价

4409.8 万元。2007 年 11 月，在尚未取得审批手续和施工许可证的情况下，工程擅自开工建设，截至 2008 年 7 月 14 日事发时，已施工至 12 层。

事故发生时，塔式起重机高度约 60m，已经安装两道附着，第一道附着高度 23.5m，第二道附着高度 41.5m。2008 年 7 月 14 日 12 时左右，施工单位临时招来无特种作业资格证书的 6 名施工人员，对工程西侧的塔式起重机进行顶升作业。16 时左右，正在顶升第 2 节标准节，当油缸顶升高度 700mm 时，塔帽晃动，连接平衡臂与塔帽的拉杆在塔帽顶端连接处销轴脱落，平衡臂失稳，塔式起重机产生晃动，两块配重断裂，砸向平衡臂下约 16m 处，平衡臂整体砸向臂下约 13m 处，第 2 道附着拉断，塔式起重机失稳，塔身扭转倒塌，塔上作业人员坠落。

根据事故调查和责任认定，对有关责任方作出以下处理：建设单位法人代表、施工单位项目经理 2 人移交司法机关依法追究刑事责任；施工单位副经理、项目经理、监理单位项目总监等 8 名责任人分别受到撤职、暂停执业资格、吊销岗位证书等行政处罚；建设、施工、监理等单位分别受到罚款、暂扣安全生产许可证 90 天且两年内不得在该市参与工程施工投标、暂扣监理资质证书等行政处罚。

（2）事故原因

① 直接原因

塔式起重机塔帽与平衡臂拉杆连接处销轴脱落。由于在"5·12"地震时平衡臂晃动，销轴、销孔严重变形，销轴末端开口销被切断、脱落，未进行修复或更换。顶升作业产生晃动，使已变形松动的销轴在南耳板拉杆 7L 处滑脱，平衡臂失稳，塔式起重机倒塌。

② 间接原因

建设单位在未取得建设工程规划许可证和施工许可证的情况下擅自开工，未按规定程序自行选定施工单位、监理单位，未委托质量安全监督机构对该工程进行监督，未将保证安全施工的措施报送建设主管行政部门备案。

施工单位作为塔式起重机的产权、安装和使用单位，无特种设备安装、拆除资质，塔式起重机安装前，未制订塔式起重机安装方案，安装后，无设备验收、自检等资料。

施工单位在塔式起重机使用前未按要求委托具有相应资质的检测机构进行特种设备检测，未作自检和日常维护保养，致使塔式起重机销轴、7L 的公差配合超差等隐患长期存在，未得到整改。

施工单位在塔式起重机顶升作业前，未对作业人员进行安全技术交底，未对作业人员进行相关业务培训，作业过程中无具体的安全措施，也无专人现场负责。

施工单位项目部无特种设备管理制度，无操作人员岗位职责，无特种设备日常维修、保养记录，项目部虽建立了安全生产责任制和相关制度，但未落到实处，对现场疏于管理，安全跟踪不到位。

监理单位未按规定程序进场监理，对未办理施工许可证，未办理质量安全监督手续的违法行为采取措施不力。在工程监理过程中，监理人员更换频繁，总监代表不在现场办公，未能履行工程监理的职责。

（3）事故教训

① 安全意识淡薄。施工单位在无特种设备安装、拆除资质的情况下，擅自组织塔式起重机安装、顶升，严重违反了《建筑起重机械安全监督管理规定》。

② 缺乏特种设备安全管理常识。施工单位在塔式起重机使用前未按要求委托具有相应资质的检测机构进行特种设备检测，未按操作规程要求，组织自检和日常维护保养，在"5·12"地震后，没有及时进行全面检查和验收，致使隐患长期存在，发生事故。

③ 安全管理制度不健全。该项目部无特种设备管理制度，无操作人员岗位职责，无日常维修、保养记录，安全管理制度严重缺失。

④ 法律意识淡漠。建设单位无视国家有关法规要求，擅自组织施工，自行选定施工单位、监理单位。

⑤ 监理不到位。某工程技术质量咨询公司进场程序本身违法，所以对未办理施工许可证、未办理质量安全监督手续的违法行为视而不见。

⑥ 执法不到位。从工程开工到发生事故，8个月间，违法建筑已建设12层，但有关部门视而不见，监管不严，直至事故发生。

（4）专家点评

这是一起由于违章顶升塔式起重机而引发的生产安全责任事故。事故的发生暴露出该工程参建各方安全法制意识淡薄、机械管理缺失等问题。我们应认真吸取事故教训，做好以下几方面工作：

① 严格执行法规、部门规章及规范、标准。建筑起重机械应严格按照《建筑起重机械安全监督管理规定》办理备案手续，由具备相关资质的单位组织安装、拆除，并按规定组织检测，合格后方可使用。这起事故中，塔式起重机产权单位（也是使用单位）违反《建筑起重机械安全监督管理规定》，擅自招募临时无证人员对塔式起重机进行顶升作业。

② 进一步明确和强化建设单位主体责任。建设单位违反《中华人民共和国城市规划法》、《中华人民共和国建筑法》，在未取得审批手续和施工许可证的情况下擅自组织施工使工程长期脱离监管，未能及时发现、处理事故隐患。应加强城市规划执法检查，认真组织建筑施工安全检查，并及时发现违法行为，及时制止和处理。

③ 建立健全安全管理规章制度。施工单位应根据《建筑起重机械安全监督管理规定》，建立特种设备管理制度，明确相关人员岗位职责，做好日常维修、保养记录。加强特种设备安全培训。塔式起重机使用过程中，应严格按照操作规程要求，进行自检和日常维护保养，特殊情况下，应组织全面检查和验收。

④ 依法监理，认真履行监理职责。根据我国工程建设法律、法规，工程监理是受业主委托和授权，但其是作为独立的市场主体为维护业主的正当权益服务的，应严格执行有关法律、法规。

5. 机械伤害

1）定义

机械性伤害主要指机械设备运动（静止）部件、工具、加工件直接与人体接触引起的夹击、碰撞、剪切、卷入、绞、碾、割、刺等形式的伤害。各类转动机械的外露传动部分（如齿轮、轴、履带等）和往复运动部分都有可能对人体造成机械伤害。

2）事故案例及分析

××轨道交通工程机械伤害事故

发生时间：2007年6月8日20时50分左右

发生地点：朝阳区××轨道交通工程 7 号梁场 4 号制梁台

事故类型：机械伤害

伤亡情况：死亡 1 人

（1）事故简介

2007 年 6 月 8 日，朝阳区××轨道交通工程 7 号梁场 4 号制梁台发生一起机械伤害事故，造成 1 人死亡。

该工程总包单位××集团第一工程有限公司与劳务分包单位福建省福清市××建筑工程有限公司驻鄂工程处签订了《预制箱梁混凝土浇筑劳务承包合同》，将 7 号梁场预制箱梁模板及所有模板相关的预留孔、预埋件的清理刷油、安装、拆卸；混凝土浇筑、振捣、养生；抽拔胶管、钢绞线下料、封端等 6 项劳务作业内容发包给福建省福清市××建筑工程有限公司。

2007 年 6 月 8 日晚 20 左右，福清市××建筑工程有限公司内模安装班长孙××安排工人彭××等 30 余人准备将 4 号台位的内模推入钢筋笼内，其中彭××站在内模走行轨道支架下沿轨道向前推动内模。20 时 50 分左右，在内模被推动至距离钢筋笼 12m 处时，彭××头部受到内模下方的走行轴"U"形卡与地面支架横梁挤压后受伤倒地，待旁人发现后，模板已前移 1.5m。事故发生后，项目部立即将彭××送至双井急救中心抢救，后经抢救无效死亡。

（2）事故原因

① 直接原因

彭××违章操作，在内模系统走行轮轨道支撑架下使用人力推动内模入位，轨道车走行轴经过彭××作业位置时，彭××没能及时避让躲闪，致使其头部直接受到支撑架横梁与轨道车走行轴挤压伤害，是本次事故发生的直接原因。

② 间接原因

××轨道交通工程模板安全组作业安全技术交底规定："内模沿铺设的走行轨道入模，入模时使用卷扬机拖拉，且须有信号员指挥，其余人员远离拖拉区域"，福清市××建筑工程有限公司没有对作业人员进行安全技术交底，也没有配备专职安全管理人员，擅自安排人力推动内模入位，导致工人缺乏安全操作知识，违章操作；××集团第一工程有限公司 7 号梁场项目部，对劳务单位现场安全生产工作缺乏监督检查，没有及时发现劳务单位违反安全技术交底的违章操作行为，放任施工现场存在的安全隐患，是本次事故发生的间接原因。

（3）事故责任分析及处理意见

① 福建省福清市××建筑工程有限公司模板安装班长孙××违反安全技术交底规定没有使用卷扬机拖拉内模入位，违章指挥工人使用人力推动内模走行轨道，导致事故发生，对事故发生负有直接责任。

② 福建省福清市××建筑工程有限公司作为彭××的用人单位，没有针对入模作业对模板安装作业人员进行有针对性的安全技术交底；在进行内模入位危险作业时，也未安排专门管理人员进行现场安全管理，对本次事故负有管理责任。

③ 福建省福清市××公司现场负责人王××没有针对模板安装作业组织制定有关安全生产操作规程；督促、检查本单位的安全生产工作不到位，没有及时消除生产安全事故

隐患；对本次事故负有管理责任。

④ ××大桥局集团第一工程有限公司作为该工程的总包单位，对 7 号梁场施工现场安全生产工作负总责任，该公司项目经理纪××未落实安全生产监管责任，对施工现场安全监督管理不到位，没有及时发现劳务分包单位擅自违反安全技术交底的违章操作行为，对这起事故负有间接管理责任。

依据《中华人民共和国安全生产法》第 19 条第 1 款第 21 条、第 36 条的规定建议立案。并依据《生产安全事故报告和调查处理条例》第 37 条第 1 款第 1 项的规定，建议对福建省福清市××建筑工程有限公司给予 15 万元罚款的行政处罚；对负有管理责任的××大桥局集团第一工程有限公司××轨道交通工程 7 号梁场项目经理部项目经理纪××，依据《中华人民共和国安全生产法》第 17 条第 1 款第 4 项的规定建议立案，并依据《生产安全事故报告和调查处理条例》第 38 条第 1 款第 4 项的规定，根据纪××所在单位开具的其年收入证明，建议对其处一年年收入 30% 罚款的行政处罚。同时，责令事故单位按照公司相关规定对责任人给予相应的行政处分和经济处罚。

（4）专家点评

这是一起典型的因不执行安全技术交底，私自改变施工工艺，违章作业导致的安全生产责任事故，应从事故中吸取的教训：

① 施工单位应强化现场安全管理，加强对作业现场的安全检查，及时发现并制止作业人员不按照安全技术交底要求违章作业的现象。

② 加强现场的安全监理，在危险性较大的项目施工时，应实施旁站监理。

③ 加强工人安全教育培训，提高工人安全意识。

6. 触电

1）定义

触电事故是电流的能量直接或间接作用于人体造成的伤害，按照能量施加方式的不同，可分为电击和电伤。

电击是电流通过人体内部，人体吸收局外能量受到的伤害。主要伤害部位是心脏、中枢神经系统和肺部。人体遭受数十毫安工频电流电击时，时间稍长即会致命。电击是全身伤害，但一般不在人身表面留下大面积明显的伤痕。

电伤是电流转变成其他形式的能量造成的人体伤害，包括电能转化成热能造成的电弧烧伤、灼伤和电能转化成化学能或机械能造成的电印记、皮肤金属化及机械损伤、电光眼等。电伤是局部性伤害，在人身表面留有明显的伤痕。

2）事故案例及分析

××大学游泳馆触电事故

发生时间：2009 年 4 月 25 日 18 时 30 分左右

发生地点：北京市××大学游泳馆地下一层

事故类别：触电

伤亡情况：死亡 1 人

（1）事故简介

2009 年 4 月 25 日，××建筑安装工程公司在北京市××大学游泳馆地下一层检修、调试水电设备过程中发生一起触电事故，造成1人死亡。

北京××大学位于拱辰街道办事处，其游泳馆工程发包给××建筑安装工程公司，2007年7月12日开工，于2008年12月向甲方、高校园区管理委员会、房山区建委已报竣工。2009年4月2日起，对游泳馆地下一层水电设备进行调试、检修。

2009年4月25日18时30分左右，班长曹××派孟××到配电室检修、调试及重复接地，由于地下照明电源已切断，派冯××拿手电为孟××照明。二人来到地下室后，孟××在前面工作，冯××在后面打手电。孟××发现有螺栓松动，但所拿的扳手与螺栓不符，就让冯××站着等他，他回1楼换工具。2min后下来后发现冯××已粘到配电柜上，就拿扫把把他打下来，进行现场抢救，同时拨打了120急救电话，并向上级领导反映了情况。10min后120赶到现场，将冯××拉往××医院，后经抢救无效死亡。

（2）事故原因

① 直接原因

冯××违章操作，违反劳动纪律。

② 间接原因

××建筑安装工程公司安全管理不到位；公司主要负责人李××对本单位存在的安全隐患失管失察。

（3）事故责任分析及处理意见

冯××违章操作是造成事故的直接原因，因其在事故中死亡，不予追究其法律责任。

××建筑安装工程公司安全管理不到位，导致生产安全事故的发生，依据《生产安全事故报告和调查处理条例》第37条第1项的规定，对事故发生单位××建筑安装工程公司处以10万元人民币的罚款。

××建筑安装工程公司主要负责人李××对本单位安全隐患存在失察失管，安全管理不到位，导致事故发生，依据《生产安全事故报告和调查处理条例》第38条第1项的规定，给予××建筑安装工程公司主要负责人李××上年度收入30%的罚款。

（4）专家点评

这是一起由于非电工无自我保护意识违反劳动纪律、违章操作、安全生产责任制不落实导致的生产安全责任事故。应从事故中吸取的教训：

明确主体责任。施工单位是安全生产的责任主体，应遵守有关规定制定安全管理制度，落实各级安全生产责任制。对施工人员进行安全教育培训，安全技术交底要有针对性，日常安全管理到位，加强安全检查，发现隐患后要指定专人立即整改。

特种工种持证上岗。电工属于特殊工种作业人员，必须经专业培训。考试合格后持证上岗。设备检修时应指派专人监护，监护人员应具备相应资格、熟悉工作环境，发生意外时，监护人员采取措施保护作业人员安全。

强化自我保护意识。利用班前讲话和安全技术交底提升操作人员安全生产意识。加强安全生产教育培训工作和安全检查，及时纠正违章行为、消除隐患。尤其是特种作业人员必须经过培训、考核合格后持证上岗，提高全体职工的安全生产意识，才能有效预防事故发生。

7. 火灾

1）定义

是指因时间或空间上失去控制的燃烧所造成的灾害事故。

燃烧的三要素：可燃物、助燃物、着火源。

2）事故案例及分析

××博览会建设工程火灾事故

发生时间：2013 年 4 月 8 日上午

发生地点：北京市丰台区××博览会建设工程

事故类别：火灾事故

伤亡情况：建筑物毁坏、无人员伤亡

（1）事故简介

2013 年 4 月 8 日上午，××防水工程有限公司在未按照要求开具动火手续、没有看火人员且当日气象条件不允许动火作业的情况下，使用燃气喷灯对卷材进行烘烤加热，导致屋檐下方位置起火。

（2）事故原因

① 直接原因

××防水工程有限公司施工作业人员在防水施工过程中违规使用明火作业，导致可燃材料起火并蔓延。

② 间接原因

××开发建设有限公司对现场安全管理不到位。一是对防水作业现场安全检查不到位，未能严格审查防水专业分包单位防水作业人员资格；二是违反规定擅自拆除工程临时消防给水系统，以上是事故发生的重要原因。

××建设工程管理有限公司监理不到位。未能及时检查发现违规动火作业存在的事故隐患。

（3）事故责任分析及处理意见

××开发建设有限公司作为该工程总包单位，违反规定擅自拆除工程临时消防给水系统；对防水专业分包单位施工现场作业监督管理不到位，未能严格审查防水作业人员资格；未能及时发现并制止专业分包单位违规实施的动火作业。其行为违反了《建设工程施工现场消防安全技术规范》GB 50720—2011 第 5.1.1 条、《建设工程安全生产管理条例》第 24 条第 1 款："建设工程实行施工总承包的，由总承包单位对施工现场的安全生产负总责"和《建设工程施工现场管理规定》第 9 条第 1 款："建设工程实行总包和分包的，由总包单位负责施工现场的统一管理，监督检查分包单位的施工现场活动。分包单位应当在总包单位的统一管理下，在其分包范围内建立施工现场管理责任制，并组织实施"的规定，对事故发生负有重要责任。

暂扣××开发建设有限公司安全生产许可证 30 天，并停止其扣证期间在京投标资格。

给予总监理工程师停止注册监理工程师执业资格 3 个月的行政处罚；给予责任监理工程师停止注册监理工程师执业资格 6 个月的行政处罚。

（4）专家点评

这是一起由于施工单位安全管理混乱，安全生产责任未落实导致的生产安全责任事故。应从事故中吸取的教训：

施工单位要强化项目安全管理，加强对项目的统一协调和管理，特别是对施工过程不同阶段、极端天气、重点工艺的安全风险管理，完善各项管理措施并督促检查落实。

施工单位要严格审查分包单位现场作业人员资格，督促分包单位切实做好施工现场安全管理工作，同时加大施工现场安全检查力度，及时消除项目施工中存在的安全隐患。

（二）典型事故案例及分析

案例一　北京××工程模板支架坍塌事故

2005 年 9 月 5 日晚 10 时 10 分左右，北京××工程 4 号地项目中庭顶盖模板支架在浇筑接近完成时发生整体垮塌，酿成死亡 8 人、伤 21 人的特大伤亡事故。

事故发生后，北京市建委立即组织专家到现场进行勘察、查阅资料、询问在场人员，并将结果进行全面、深入的讨论、分析，得出以下事故调查结论。

1. 事故简介

北京××工程 4 号地项目 2 号组团中部 9～11 轴（宽 2×8.4m）和 B～E 轴（总长 25.2m）之间为地上 1～5 层、总高 21.8m 的中庭，其顶板为预应力现浇空心楼板（厚 550mm，板内预埋 ϕ400mm，长 500mm 的 GBF 管），支于四周框架梁上，南侧边梁截面 850mm×950mm，北侧边梁截面 1000mm×1300mm，东、西两侧边梁截面 600mm×600mm，顶板面积 423.36m²，混凝土总量 198.6m³。施工方案要求中庭楼盖混凝土先于相临三面楼板浇筑。顶板施工混凝土采用混凝土输送泵和两台布料机浇筑，两台布料机分别置于 9 轴外（南面）靠近东西两侧边梁处，在北端布料杆达不到处用溜槽过渡。浇筑从 9 月 5 日下午 5 时开始。晚上 10 时 10 分左右，从顶板的中偏西南部分突然发生谷陷式垮塌。在场人员描述：当时楼板形成 V 形并下折，支模架立杆呈多波弯曲并迅即扭转，整个顶板连同布料机一起垮塌，坠落在地下一层顶板上，整个过程仅延续数秒。落下的混凝土、钢筋、模板和支模架堆积成厚 0.5～2m 的废墟，相邻边跨的模板、钢筋向中庭下陷，粗大的梁筋从圆形柱子中被拉出 1m 左右，地下一层顶板局部严重破坏、下沉，其支模架严重变形、歪斜（图 2-2～图 2-5）。

图 2-2　北京××工程 4 号地项目中庭
模板支撑架坍塌现场 1

图 2-3　北京××工程 4 号地项目中庭
模板支撑架坍塌现场 2

2. 原因分析

1)《施工方案》管理问题

(1)《北京××工程4号地项目9～11/B～E轴扣件钢管脚手架施工方案》(应为模板支撑架方案，下称《施工方案》)的编制单位、审批单位均为××建设公司北京××工程4号地项目部，未见其上级技术负责人的审批，违反了国务院颁发的《建设工程安全生产管理条例》(下称《条例》)第26条(条例规定：施工单位应当在施工组织设计中编制安全技术措施和施工现场临时用电方案，对下列达到一定规模的危险性较大的分部分项工程编制专项施工方案，并附具安全验算结果，经施工单位技术负责人、总监理工程师签字后实施，由专职安全生产管理人员进行现场监督：

（一）基坑支护与降水工程；

（二）土方开挖工程；

（三）模板工程；

（四）起重吊装工程；

（五）脚手架工程；

（六）拆除、爆破工程；

（七）国务院建设行政主管部门或者其他有关部门规定的其他危险性较大的工程。

(2)《施工方案》中未见专家论证意见，不符合《条例》第26条及住房和城乡建设部《危险性较大工程安全专项施工方案编制及专家论证审查办法》第5条第3款(第5条规定：建筑施工企业应当组织专家组进行论证审查的工程：

（一）深基坑工程

开挖深度超过5m（含5m）或地下室三层以上（含三层），或深度虽未超过5m（含5m），但地质条件和周围环境及地下管线极其复杂的工程。

（二）地下暗挖工程

地下暗挖及遇有溶洞、暗河、瓦斯、岩爆、涌泥、断层等地质复杂的隧道工程。

图2-4　立杆悬臂段太长，部分立杆采用扣件与横杆连接

（三）高大模板工程

水平混凝土构件模板支撑系统高度超过8m，或跨度超过18m，施工总荷载大于10kN/m²，或集中线荷载大于15kN/m的模板支撑系统。

（四）30m及以上高空作业工程

（五）大江、大河中深水作业工程

（六）城市房屋拆除爆破和其他土石大爆破工程

(3)现场无模板支撑架施工安全技术交底，未见模板支撑架现场安全检查记录及验收记录。

2）《施工方案》技术问题

（1）《施工方案》中模板支撑架未按照《建筑施工扣件式钢管脚手架安全技术规范》JGJ 130—2001（下称《规范》）第5.6条进行计算，未限制立杆顶部伸出长度（即《规范》中的a值），据调查，现场管理人员口头交底立杆顶部伸出长度应小于1.5m；《施工方案》未计算施工活荷载，导致计算结果与现场实际有较大偏差。立杆顶部伸出部分为整个模板支架的最薄弱部位，其长度a的大小对整体支撑架的稳定承载能力起决定性作用。经对《施工方案》中模板支撑架设计计算章节进行校核验算得知：按"几何不可变杆系结构"验算的结果不能满足承载力要求，按"非几何不可变杆系结构"验算的结果已达到杆件承载力的极限，采用脚手架的计算方法所得结果也超出杆件承载力限值，因此可判定该模板支撑架方案设计结果已达到其承载力极限值，强度无富余量，甚至已占用部分承载力安全储备，按该《施工方案》要求搭设的支撑架，处于濒临失稳坍塌的状态，尚未坍塌部位立杆顶部构造尺寸见图3。

图2-5　支模架无剪刀撑、
未与四周已浇结构进行拉结

（2）《施工方案》第4.6条"剪刀撑设置要求"未要求设置中间立杆纵向剪刀撑和各道水平剪刀撑，不符合《规范》第6.8.2条第2款"满堂模板支撑架四边与中间每隔四排立杆应设置一道由底到顶的纵向剪刀撑，高于4m的模板支架，其两端与中间每隔4排立杆从顶层开始向下每隔2步设置一道水平剪刀撑"的规定。

（3）《施工方案》未根据施工现场条件，提出与周边已有建筑结构进行可靠拉结的技术措施。事故部位为21.8m标高、约400m² 的中庭预应力顶板，其下部高大空间内东、西、南边有2、3、4层结构边梁及边柱。虽《规范》未作拉结规定，但《施工方案》中技术构造措施如提出支撑架与周边结构进行可靠刚性拉结的要求，可有效提高该高大模板支撑架的结构稳定性。

（4）该《施工方案》编制粗糙，无立杆平面布置图、立面图、剖面图、节点详图，无质量检查标准，计算系数取值既不符《规范》，也不符现场常规搭设尺寸，针对性、可操作性较差。

3）架体构造问题

（1）对现场残留的模板支撑架勘察时发现，部分模板支撑架无扫地杆，不符合《规范》第6.3.2条的要求（强制条文：脚手架必须设置纵、横向扫地杆。纵向扫地杆应采用直角扣件固定在距底座上皮不大于200mm处的立杆上。横向扫地杆亦应采用直角扣件固定在紧靠纵向扫地杆下方的立杆上。当立杆基础不在同一高度上时，必须将高处的纵向扫地杆向低处延长两跨与立杆固定，高低差不应大于1m。靠边坡上方的立杆轴线到边坡的距离不应小于500mm）。

（2）模板底部部分立杆采用旋转扣件接长，在立杆顶部伸出部分上产生了附加偏心力矩，部分立杆仅与大横杆连接，立杆不落地，严重降低了立杆的承载能力，见图3。

（3）《施工方案》第4.6条规定，剪刀撑沿脚手架外侧及全高连续设置，每六步四跨设置一道剪刀撑。但在现场东南角、西南角未倒塌的模板支架上未发现任何剪刀撑，违反了《规范》第6.8.2条与《施工方案》第4.6条的规定，见图4。

（4）《施工方案》规定支撑架步距1.5m，现场实际残留支撑架步距为1.4～1.7m不等。

（5）由现场勘察发现，中庭东南角残留的部分模板支撑架立杆顶部和底部用螺纹钢筋代替可调底座，承载时对立杆顶部产生了附加偏心力矩，大大降低了立杆的承载能力。

（6）现场检测的扣件拧紧力矩为10～40N·m，大多不到20N·m，大大降低了节点的承载能力，不满足《规范》的要求。

（7）现场检测的立杆顶部伸出部分达到1.8m，大大降低了立杆的承载能力，见图3。

4）材料质量问题

（1）扣件式钢管脚手架钢管规格为$\phi 48 \times 3.5$mm，现场测量到的钢管壁厚为2.7～3.5mm不等，其中壁厚为3.0mm的较多，不符合《规范》第3.1.2条的规定。经立杆稳定计算，钢管壁厚为3.0mm时，其稳定承载力比壁厚为3.5mm时降低13%。

（2）扣件螺母厚度大多数在11～13mm之间，有若干仅9mm，小于相关标准规定的14±0.5mm；从现场已经破坏的扣件断口看，扣件有明显铸造缺陷，材质及力学性能有待进一步检测。

（3）现场实测用于模板支撑的可调托撑螺杆直径大部分为30～32.7mm，小于标准规定的38mm，易产生附加弯矩，降低承载力；可调托撑的"U"形托和可调底座的底板钢板厚度大多数为4.3mm，有的仅3mm，小于标准规定厚度5mm，因此变形严重，且可调托撑翼缘板高度不够，对支撑木方起不到防脱落作用；可调托的U形板与丝杆之间未焊接加筋板，使多数U形板发生变形、断裂，见图2-6。

图2-6　可调托撑螺杆偏细、托板变形

3. 事故结论

（1）《施工方案》编制粗糙，结构设计与计算存在严重缺陷，不能保证施工安全要求。

（2）搭设的模板支撑架立杆顶部伸出长度过大是本次事故发生的主要原因。

（3）现场搭设的模板支撑架存在若干节点无扣件、扣件螺栓拧紧扭力矩普遍不足、立杆搭接或支撑于水平杆上、缺少剪刀撑等严重缺陷，造成支撑体系局部承载力大为降低，是事故发生的重要技术原因之一。

（4）现场搭设的模板支撑架中使用的钢管杆件、扣件、顶托等材料存在质量缺陷，也是事故发生的重要技术原因之一。

（5）在模板支架搭设过程中，安全保证体系、安全人员配置、模板支架方案设计审批、安全生产技术交底、日常安全检查、隐患整改、模板支架搭设验收、材料进场验收等管理环节严重缺失，是事故发生的管理原因。

4. 事故处理

北京××工程模板坍塌事故造成现场施工工人 8 人死亡、21 人受伤的严重后果。该案已于日前终审宣判，涉案 3 名主要责任人分别被判处有期徒刑四年至有期徒刑三年六个月，其他两名被告人被判处有期徒刑三年，缓刑三年。

北京市第一中级人民法院终审查明：

在北京××工程项目施工期间，工程项目部土建总工程师李××作为模板支架施工设计方案审核人，在该方案尚未经批准的情况下，便要求劳务队按该方案搭设模板支架。

工程项目部总工程师杨××明知模板支架施工设计方案存在问题，但其对违反工作程序的施工搭建行为未采取措施，从而使模板支撑体系存在严重安全隐患。

工程项目部经理胡××在模板支架施工方案未经监理方书面批准且支架搭建工程未经监理方验收合格的情况下，对违反程序进行的模板支架施工不予制止并组织进行混凝土浇筑作业。

项目总监理工程师吕××未按规定履行职责，在明知模板支架施工设计方案未经审批、已搭建的模板支架存在严重安全隐患的情况下，默许项目部进行模板支架施工。

项目监理员吴××未认真履行职责，在明知模板支架施工设计方案未经审批、已搭建的模板支架存在严重安全隐患且施工方已进行混凝土浇筑的情况下，不予制止。

由于李××等五人的上述违规行为，导致 2005 年 9 月 5 日 22 时许，在进行高大厅堂顶盖模板支架预应力混凝土空心板现场浇筑施工时，发生模板支撑体系坍塌事故，造成现场施工工人 8 人死亡、21 人受伤的严重后果。

2005 年 9 月 27 日，被告人李××、杨××、胡××、吕××、吴××在接到公安机关的电话传唤后共同向公安机关投案。

法院认定：

李××身为土建总工程师，作为模板支架施工设计方案审核人，未发现方案中的错误，在方案未经有关专家论证且未上报审批的情况下，要求劳务队按此方案搭设模板支架，对事故的发生负有重要技术管理责任。

杨××作为项目部总工程师，负责编制、审批重点工程的施工方案及安全技术措施，本应对本单位的安全生产在技术上负全面责任，但其无视规章制度，明知模板支架施工设计方案存在问题且未按程序报批，不采取措施，从而使模板支撑体系存在严重安全隐患，对事故发生负有主要技术管理责任。

胡××身为项目经理，对模板支架施工设计方案未上报审批且未经监理单位批准、已搭建的模板支架存在严重安全隐患的情况是明知的，在这种情况下，其为赶工程进度，违章组织进行混凝土浇筑作业，对事故发生负有直接责任。

据此，北京一中院以李××、杨××、胡××、吕××、吴××的行为构成重大责任事故罪，终审判处李××有期徒刑四年，杨××、胡××有期徒刑三年六个月，吕××、吴××有期徒刑三年，缓刑三年。

附件：责任单位处理

（1）建议住房和城乡建设部给予××建设公司降低一级施工企业资质处分。

（2）建议住房和城乡建设部对北京××监理公司降低一级建设监理资质。

（3）提请河北省住房和城乡建设厅对××建设公司安全生产许可证实施处理。

（4）取消住房和城乡建设公司在北京建筑市场的招标投标资格 12 个月。

（5）责成住房和城乡建设公司立即对其在北京市所属的施工项目全面停工整顿。

（6）取消北京住房和城乡监理公司在北京市建筑市场的投标资格 12 个月。

附件：责任人处理

（1）住房和城乡建设公司××工程 4 号地工程土建总工程师李××，对事故发生负有重要技术责任。

（2）住房和城乡建筑公司××工程 4 号地工程项目部总工程师××，对事故发生负有主要技术管理责任。

（3）北京住房和城乡监理公司驻××工程 4 号地工程项目部监理员吴××，对事故发生负有重要责任。

（4）北京住房和城乡监理公司驻××工程 4 号地工程项目部总监吕××，对事故发生负有重要责任。

（5）住房和城乡建筑公司××工程 4 号地工程项目经理胡××，对事故发生负直接责任。

上述 5 人均涉嫌重大责任事故罪，建议移交公安机关处理。

（6）责成中国××建设集团公司和××建筑公司对事故涉及的相关责任人进行责任追究和处理。

（7）对××建筑公司总经理王××处以 10 万元罚款。

5. 事故教训

自 2000 年 10 月 25 日发生××电视台大演播厅顶盖模板支撑架整体坍塌的重大事故以来，虽生产安全和建设主管部门一再三令五申，要求必须高度重视高大空间模板支撑架安全，认真编好安全专项施工方案，加强技术和安全管理，以杜绝类似事故再次发生，但仍然未能引起某些施工单位警觉，导致近年来类似事故不断发生。本工程事故不仅伤亡惨重、损失巨大、影响恶劣，也集中反映了此类事故的典型成因，带来沉痛的教训与深刻的警示，因此在施工中应注意：

（1）应对高大空间模板支撑架施工安全予以高度重视，认真编制安全专项施工方案，采取严格的安全技术措施确保施工生产安全。如将其混同于一般支撑架，在技术和安全上缺失管理，将可能导致惨重的后果。

（2）应将技术工作放置在安全工作基础的位置上，高度重视技术，安全才有保障。应明确规定合理的安全指标，确保技术措施达到足够的安全度。技术安全工作做得越充分，安全就越有保障。

（3）应坚决解决施工单位将施工技术安全文件（施工组织设计、安全专项方案、安全技术措施、技术安全交底材料等）仅用于投标、报审、应付各种施工查验手续的普遍问题，在施工中应严格执行所编制的各种施工安全技术文件，严禁违反、随意变更。

（4）应扩大施工技术人员的工作权限，仅提"安全一票否决制"是不够的，应当提技术和安全都可以一票否决，或者实施"技术安全"一票否决制，因为没有技术对安全工作的保证支持，安全就不能得到有效的确保。

（5）应在材料验收中落实《规范》中"$\phi48\times3.5mm$ 钢管壁厚允许误差为 0.5mm"及扣件承载能力的要求，解决目前钢管、扣件、顶托的规格、质量混乱，优劣混杂使用的严重问题。

（6）必须切实加强施工中的技术和安全工作，遏制片面追求经济利益，忽视技术安全要求的倾向。

案例二 ××公园外模墙坍塌事故

1. 工程概况

工程名称：××公园消防水系统改造工程

建设单位：××管理处

施工单位：××市政公司

2. 事故简况

9月8日，杨××、刘××、刁××自上而下对防水保护外模墙西立面进行抹灰作

图 2-7　外模墙坍塌现场

业，并随着抹灰作业面的降低拆除作业脚手架。14 时 20 分左右，该防水保护外模墙整体向西坍塌，将杨××、刘××砸压在倒塌的墙体下，刁××右脚跟部砸伤。现场人员立即拨打了 120 急救电话，并将杨××、刘××救出，经 120 急救人员确认杨××、刘××当场死亡（图 2-7）。

3. 事故原因分析

（1）直接原因：现场未采取保证墙体稳定性的措施，且该防水保护外模墙砌筑后砂浆养护时间较短，砂浆强度较低，是造成这起事故的直接原因。

（2）间接原因：××市政公司，未依法履行安全生产管理职责，在未编制施工方案、未进行安全技术交底的情况下进行施工。

4. 事故责任分析

××市政公司，疏于对该工程项目部管理人员的督促、监管，施工中又疏于对作业现场的检查，任由现场人员随意作业，对事故发生负有主要管理责任。其行为违反了《建设工程安全生产管理条例》第 23 条："施工单位应当设立安全生产管理机构，配备专职安全生产管理人员"的规定和《中华人民共和国安全生产法》第 36 条："生产经营单位应当教育和督促从业人员严格执行本单位的安全生产规章制度和安全操作规程；并向从业人员如实告知作业场所和工作岗位存在的危险因素、防范措施以及事故应急措施"等规定，对事故负有管理责任。

5. 事故处理

暂扣施工单位安全生产许可证 30 天，并停止其扣证期间在京投标资格。

6. 事故教训

这是一起因违规作业、安全管理缺失造成的一般生产安全责任事故。应从事故中吸取的教训：

（1）作为现场安全管理人员应认真履行安全管理职责，勤于现场检查，及时发现问题

及时落实整改。

（2）生产经营单位必须遵守《中华人民共和国安全生产法》和其他有关安全生产的法律、法规，加强安全生产管理，建立、健全安全生产责任制度和安全生产规章制度，改善安全生产条件，推进安全生产标准化建设，提高安全生产水平，确保安全生产。

案例三　合肥市沟槽坍塌事故

1. 事故简介

2007年5月30日，安徽省合肥市××市政道路排水工程在施工过程中，发生一起边坡坍塌事故，造成4人死亡、2人重伤，直接经济损失约160万元。

该排水工程造价约400万元，沟槽深度约7m，上部宽7m，沟底宽1.45m。事发当日在浇筑沟槽混凝土垫层作业中，东侧边坡发生坍塌，将一名工人掩埋。正在附近作业的其余7名施工人员立即下到沟槽底部，从南、东、北三个方向围成半月形扒土施救，并用挖掘机将坍塌的大块土清出，然后用挖掘机斗抵住东侧沟壁，保护沟槽底部的救援人员。经过约半个小时的救援，被埋人员的双腿已露出。此时，挖掘机司机发现沟槽东部边坡又开始掉土，立即向沟底的人喊叫，沟底的人听到后，立即向南撤离，但仍有6人被塌落的土掩埋（图2-8）。

图2-8　沟槽坍塌现场

根据事故调查和责任认定，对有关责任方作出如下处理：施工单位负责人、项目负责人、监理单位项目总监等4名责任人移交司法机关依法追究刑事责任；施工单位董事长、施工带班班长、监理单位法人等3名责任人分别受到罚款、吊销执业资格证书、记过等行政处罚；施工、监理等单位受到相应的经济处罚。

2. 原因分析

1）直接原因

沟槽开挖未按施工方案确定的比例放坡（方案要求1：0.67，实际放坡仅为1：0.4），同时在边坡临边堆土加大了边坡荷载，且没有采取任何安全防护措施，导致沟槽土方坍塌。

2）间接原因

（1）施工单位以包代管，未按规定对施工人员进行安全培训教育及安全技术交底，施工人员缺乏土方施工安全生产的基本知识。

（2）监理单位不具备承担市政工程监理的资质，违规承揽业务并安排不具备职业资格的监理人员从事监理活动。

（3）施工、监理单位对施工现场存在的违规行为未及时发现并予以制止，对施工中存在的事故隐患未督促整改。

（4）未制订事故应急救援预案，在第一次边坡坍塌将1人掩埋后盲目施救，发生二次坍方导致死亡人数的增加。

3. 事故教训

（1）以包代管，终酿惨案。这是一项典型的以包代管工程，施工单位所承包的工程应加强安全管理，做好日常的各项安全和技术管理工作，加强土方边坡的定点监测、提前发现事故先兆。

（2）深度超过5m的沟槽，施工前应组织专家论证，并严格按照施工方案放坡，执行沟槽1m内禁止堆土的规定。

（3）监测不力，救援不及时。加强对沟槽施工边坡的安全检查，及时发现事故隐患。施工单位应制订应急救援预案，当发生紧急情况时，应按照预案在统一指挥和确保安全的前提下进行抢险。

4. 专家点评

这是一起由于违反施工方案，现场安全管理工作缺失而引起的生产安全责任事故。事故的发生暴露出施工单位以包代管，监理单位不认真履行职责等问题。我们应从事故中吸取教训，认真做好以下几方面工作：

（1）沟槽施工采取自然放坡是土方施工保证边坡稳定的技术措施之一，必须根据土质和沟槽深度进行放坡。深度为7m的沟槽施工属于危险性较大的分项工程，不但要编制安全专项施工方案，而且还应进行专家论证，并建立保证安全措施落实的监督机制。

（2）按规定对土方施工人员进行安全培训教育及安全技术措施交底，提高其应急抢险能力。总包单位应按照规定制定"土方施工专项应急救援预案"，发生事故时，统一指挥、科学施救，才能避免事故扩大。

（3）落实工程总包、分包、监理单位的安全监督管理责任。严格按照相应资质等级，从事施工、监理活动。

5. 坍塌事故预防措施

1）拆除建筑物，应该自上而下顺序进行，禁止数层同时拆除，当拆除某一部分的时候，应该防止其他部分发生坍塌。

2）挖掘土方应从上而下施工，禁止采用挖空底脚的操作方法，并做好排水措施。

3）挖出的泥土要按规定放置或外运，不得随意沿围墙或临时建筑堆放。

4）基坑、井坑的边坡和支护系统应随时检查，发现边坡有裂痕、疏松等危险征兆，应立即疏散人员采取加固措施，消除隐患。

5）挖孔施工应按照"人工挖孔桩安全管理办法"执行。

6）各种模板支撑，必须按照模板支撑设计方案要求，立杆、横杆间距必须满足要求，不能减少和扩大，特别是采用木支撑施工法，防止模板混凝土施工时坍塌。

7）施工中必须严格控制建筑材料、模板、施工机械、机具或其他物料在楼层或屋面的堆放数量和重量，以避免产生过大的集中荷载，造成楼板或屋面断裂坍塌。

8）距临时围墙2m内不能搭建宿舍、仓库等设施。

9）安装和拆除大模板，起重机司机与安装人员应经常检查索具，密切配合，做到稳起、稳落、稳就位，防止大模板大幅度摆动，碰撞其他物体，造成倒塌。

10）拆除工程必须编制施工方案和安全技术措施，经上级部门技术负责人批准后方可动工外，较简单的拆除工程，也要制订有效、可行的安全措施。

11）拆除建筑物，应该自上而下顺序进行，禁止数层同时拆除，当拆除某一部分的时候，应该防止其他部分发生坍塌。

12）建筑物一般不能采用推倒办法，遇有特殊情况必须采用推倒方法的时候，必须遵守下列规定：

（1）砍切墙根的深度不能超过墙厚的三分之一，墙的厚度小于两块半砖时，不许进行掏掘。

（2）为防止墙壁向掏掘方向倾倒，在掏掘前，要用支撑撑牢。

（3）建筑物推倒前，应该发出信号，待全体工作人员避至安全地带后，才能进行。

13）架子上不能集中堆放模板或其他材料，防止架子坍塌。坑、沟、槽土方开挖，深度超过 1.5m 的，必须按规定放坡或支护。

案例四 ××电视台火灾事故

1. 事故简介

2009 年 2 月 9 日晚 20 时 27 分，北京市××电视台新址园区在建的附属文化中心大楼工地发生火灾，熊熊大火在三个半小时之后得到有效控制，在救援过程中造成 1 名消防队员牺牲，6 名消防队员和 2 名施工人员受伤。建筑物过火，过烟面积 21333m²，其中过火面积 8490m²，楼内十几层的中庭已经坍塌，位于楼内南侧演播大厅的数字机房被烧毁，造成直接经济损失 16383 万元（图 2-9、图 2-10）。

图 2-9 事故现场熊熊燃烧的大火

图 2-10 事故后被烧毁的大楼

2. 工程简介

发生火灾的大楼是××电视台新台址工程的重要组成部分——电视文化中心，高 159m，被称为北配楼，邻近地标性建筑的××新大楼。××新台址工程位于北京市朝阳区中央商务区（CBD）核心地带，由荷兰大都会（OMA）建筑事务所设计，并于 2005 年 5 月正式动工。整个工程预算达到 50 亿元人民币。

3. 原因分析

9 日是中国农历正月十五，是传统节日元宵节，人们有闹花灯、放焰火的习俗。根据北京市政府定，这一天也是今年春节期间五环区域内可以燃放烟花爆竹的最后一天。此前，北京已连续 106 天无有效降水，空气干燥。但北京气象专家 9 日晚说，目前××新址大楼所在区域的地面风速为每秒 0.9m，属于微风，基本上不会形成风助火势的严重状况。

由于风力的影响，大大减小了本次事故的损失。

本次火灾事故的发生主要有以下几方面的原因：

建设单位：违反烟花爆竹安全管理相关规定，组织大型礼花焰火燃放活动。

有关施工单位：大量使用不合格保温板，配合建设单位违法燃放烟花爆竹。

监理单位：对违法燃放烟花爆竹和违规采购，使用不合格保温板的问题监理不力。

有关政府职能部门：对非法销售、运输、储存和燃放烟花爆竹，以及工程中使用不合格保温板问题监管不力。

4. 事故调查处理

2009年2月9日在建的××新台址园区文化中心发生特别重大火灾事故。71名事故责任人受到责任追究。其中，××电视台副总工程师，央视新址办主任徐××，××新址办副主任王××，××国金公司副总经理兼总工程师高××等44名事故责任人已被移送司法机关依法追究刑事责任；27名事故责任人受到党纪、政纪处分；给予时任国家广电总局党组成员，××电视台台长，分党组书记，××电视台新台址建设工程业主委员会主任赵××行政降级，党内严重警告处分，给予××电视台副台长，××电视台新台址建设工程业主委员会常务副主任李××行政撤职，撤销党内职务处分；依法对××电视台新台址建设工程办公室罚款300万元。

5. 事故教训

元宵之夜的××新址大火，过火场面触目惊心，不仅让一位尽职尽责的消防战士付出了年轻的生命，还给国家财产带来了巨大损失。本次事故被认定为一起责任事故。希望所有担负着安全生产职责的人们，都能从这起事故中汲取教训，在思想上高度重视，在行动上责任明确，进一步完善安全生产管理制度，将确保安全生产的各项措施制度化、长期化、细致化，防患于未然，全力避免任何一起可能给人民生命财产带来损害的事故发生。

加强火灾事故的防范措施如下：

1）按有关规定建设完善消防设施

建设单位所有装饰、装修材料均应符合消防的相关规定。要设置火灾自动报警系统、消火栓系统、自动喷水灭火系统、防烟排烟系统等各类消防设施，并设专人操作维护，定期进行维修保养。要按照规范要求设置防火、防烟分区、疏散通道及安全出口。安全出口的数量、疏散通道的长度、宽度及疏散楼梯等设施的设置，必须符合规定，严禁占用、阻塞疏散通道和疏散楼梯间，严禁在疏散楼梯间及其通道上设置其他用途和堆放物资。

2）建立健全消防安全制度

要落实消防安全责任制，明确各岗位、部门的工作职责，建立健全消防安全工作预警机制和消防安全应急预案、完善值班巡视制度、成立消防义务组织、组织消防安全演习、加大消防安全工作的管理力度。

3）强化对重点区域的检查和监控

消防安全责任人要加强日常巡视，发现火灾隐患及时采取措施。应建立健全用火、用电、用气管理制度和操作规范，管道、仪表、阀门必须定期检查。

4）加强对员工的消防安全教育

要加强对员工的消防知识培训，提高员工的防火灭火知识，使员工能够熟悉火灾报警方法、熟悉岗位职责、熟悉疏散逃生路线。要定期组织应急疏散演习，加强消防实战演练，完善应急处置预案，确保突发情况下能够及时有效地进行处置。

5）加大消防监管力度

消防部门要按照《消防法》的规定和国家有关消防技术标准要求，加强对建筑施工企业的监督和检查。

案例五　上海××教师公寓火灾事故

2010 年 11 月 15 日 14 时，上海一栋高层公寓起火。公寓内住着不少退休教师，起火点位于 10～12 层之间，整栋楼都被大火包围着，楼内还有不少居民没有撤离。至 11 月 19 日 10 时 20 分，大火已导致 58 人遇难，另有 70 余人正在接受治疗。事故原因，是由无证电焊工违章操作引起的，四名犯罪嫌疑人已经被公安机关依法刑事拘留，还因装修工程违法违规、层层多次分包；施工作业现场管理混乱，存在明显抢工行为；事故现场违规使用大量尼龙网、聚氨酯泡沫等易燃材料；以及有关部门安全监管不力等问题（图 2-11、图 2-12）。

图 2-11　教师公寓火灾现场 1

图 2-12　教师公寓火灾现场 2

1. 事故概况

1）事故工程概况

（1）事故项目名称

上海静安区××教师公寓节能墙体保温改造工程。

（2）项目内容

外立面搭设脚手架、外墙喷涂聚氨酯硬泡体保温材料、更换外窗等。

（3）大楼概况

大楼于 1998 年 1 月建成，公寓高 28 层，建筑面积 17965m²，其中底层为商场，2～4 层为办公，5～28 层为住宅，建筑高度 85m。

2）项目涉及单位关系与结构图

上海市××建设总公司承接该工程后，将工程转包给其子公司上海××建筑装饰工程公司，上海××建筑装饰工程公司又将工程拆分成建筑保温、窗户改建、脚手架搭建、拆除窗户、外墙整修和门厅粉刷、线管整理等，分包给 7 家施工单位。

其中上海××化工科技有限公司出借资质给个体人员张××分包外墙保温工程,上海××物业管理有限公司出借资质给个体人员支××和沈××合伙分包脚手架搭建工程。支××和沈××合伙借用上海××物业管理有限公司资质承接脚手架搭建工程后,又进行了内部分工,其中支××手下郝××负责胶州路××教师公寓大楼的脚手架搭建,同时支××与沈××又将胶州路××教师公寓小区三栋大楼脚手架搭建的电焊作业分包给个体人员。而该个体人员手下的焊工正是无证焊工(图 2-13)。

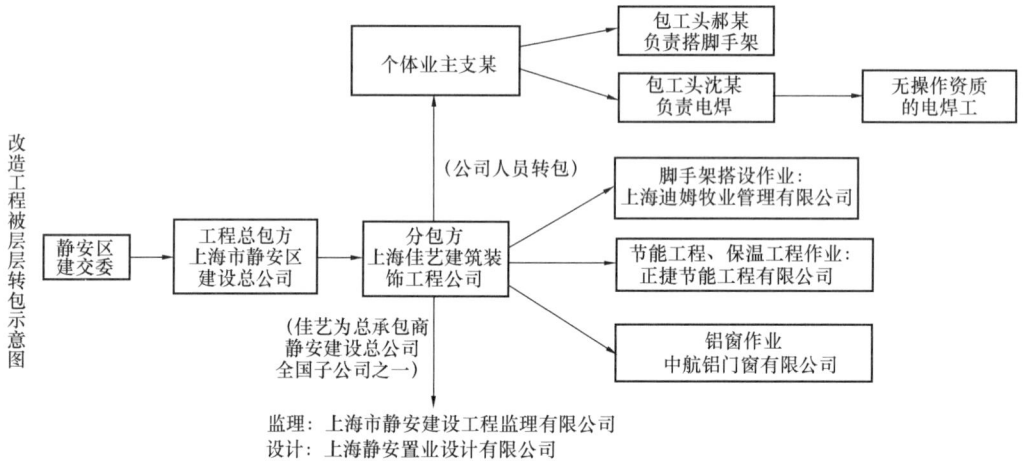

图 2-13 项目承包单位关系图

2. 事故调查

1)事故模型描述

经过事故现场勘察、查取有关资料、模拟实验及认真讨论分析得出了事故发展概况:

2010 年 11 月 15 日,上海市静安区胶州路××教师公寓正在进行外墙整体节能保温改造,约在 14 时 14 分,大楼中部发生火灾,随后火灾外部通过引燃楼梯表面的尼龙防护网和脚手架上的毛竹片,内部在烟囱效应的作用下迅速蔓延,最终包围并烧毁了整栋大厦。消防部门全力进行救援,火灾持续了 4 个小时 15 分钟,至 18 点 30 分大火基本被扑灭;最终导致 58 人在火灾中遇难,71 人受伤。

事故模型如图 2-14 所示:

2)初起火灾发生点的确定

(1)环境勘察

该教师公寓为百米内最高的建筑,在气象局调查当日风向得知当日 2 点至 8 点风向为西南风,天气晴,排除雷电引燃的可能。风向使得此次火灾未波及它旁边同样高度的正在进行同样工作的 718 号建筑。据调查,火灾大楼旁边的建筑当日没有动火记录,排除了外部火源进入的可能。在了解了公安局收集的责任人及目击证人的证词后确认首先起火的范围是大楼 8~12 层,研究重点放到 8~12 层。

(2)初步勘察与详细勘察

调查大楼的装修内容可知,大楼的建筑外墙保温采用的是硬泡聚氨酯喷涂薄抹灰结合 EPS 板薄抹灰保温系统,硬泡聚氨酯喷涂薄抹灰系统主要用于大楼主体,EPS 板薄抹灰

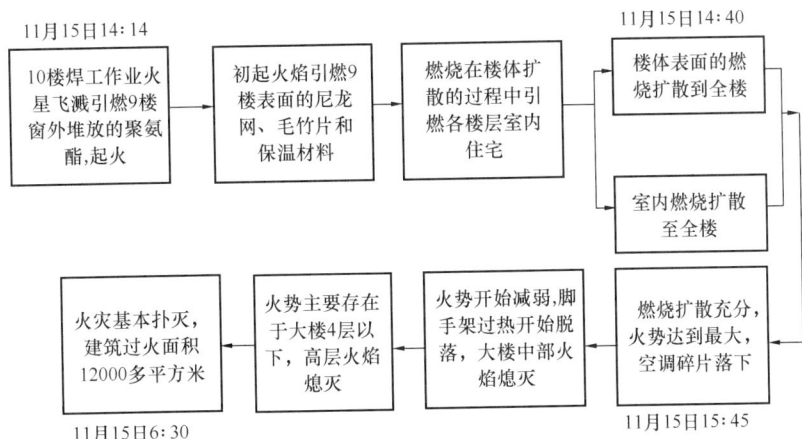

图 2-14　事故模型图

系统用于建筑阳角和窗口部位。火灾发生前，四名焊工正在十层电梯对面的窗外进行焊接作业。仔细观察、分析大楼 8～12 层的墙体及室内的情况发现，8 层、9 层墙体已经进行了砂浆找平覆盖，聚氨酯硬泡基本完好，并没有参与燃烧。因此，在 10 楼以下部位，聚氨酯硬泡在火灾中并没有助长火势蔓延。而 10 层、11 层聚氨酯硬泡在火灾中起到了助长火势的作用，燃烧殆尽，并形成黑烟。而 12 层及以上的部位，并没有聚氨酯泡沫存在，因此也不存在聚氨酯硬泡导致火势蔓延的问题。分析大楼 8～12 层的墙室内的情况发现，室内火灾烟熏痕迹均为由窗台至门口逐渐变弱，甚至在门边的木质桌椅还有未完全燃烧的残留物；室内混凝土墙体从窗至门的颜色变化为由淡黄色变为白色，说明温度逐渐降低；室内的木质四腿椅子的倾倒方向均为朝向窗部；室内电线熔痕均退火变软、珠粒大且垂直下落、有粘连、无气孔晶粒粗大且组织晶粒由等轴晶粒组成，均证明电线是火烧熔痕。由此排除室内电线短路燃烧和室内先燃烧的可能，确定起火部位为 8～12 层窗外。再结合室外脚手架受热损坏的程度为 9 层最重，确定可能的起火部位为 9 层的脚手架附近。责任人证言表明，火灾发生前后，脚手架上并没有其他人出现，结合 9 层发生火灾处的室内并未住人可排除他人防火的可能。

（3）专项勘察

根据 9 层脚手架上留下的炭的痕迹确定脚手架上有木质物品存在。根据证人证言确认了脚手架上毛竹片的存在，并得知大楼整体均被尼龙防护网覆盖。由责任人证言火势发展迅速和密集火源的存在可确定首先被引燃的物质为燃烧迅速、量大且集中的物质，结合当时脚手架上存在聚氨酯的物质分析可知首先燃烧的物质为聚氨酯。根据责任人证言，当日中午 12 点以后四人并未抽烟，为确定结果，对烟头引燃进行试验，根据试验结果，烟头不能引燃聚氨酯硬泡，则推断起火的原因为当场的唯一可能引燃聚氨酯硬泡的火源，即焊接工作时的焊渣。验证试验结果表明，发生初期火灾的物质是聚氨酯，引火源为焊工作业焊渣成立。明确了起火点为 9 层窗外脚手架上的聚氨酯硬泡，起火原因为 10 层正工作的焊工施焊产生的焊渣。

3）起火时间的确定

调查当地消防局的报警记录得知，报警时间为 2011 年 11 月 15 日 14 点 15 分。再根据有关证人的证言确定起火时间为当日 14 点 14 分。

4）火灾经过的确定及事故再现

火灾发展过程的确定：根据证人证言和现场消防队的记录可以轻易得到火灾的发展过程的详细内容。

事故再现：2011 年 11 月 15 日 14 时 14 分，4 名无证焊工在 10 层电梯前室北窗外进行违章电焊作业，由于未采取保护措施电焊溅落的金属熔融物引燃下方 9 层位置脚手架防护平台上堆积的聚氨酯硬泡保温材料碎块，聚氨酯迅速燃烧形成密集火灾，由于未设现场消防措施，4 人不能将初期火灾扑灭，并逃跑。燃烧的聚氨酯引燃了楼体 9 层附近表面覆盖的尼龙防护网和脚手架上的毛竹片。由于尼龙防护网是全楼相连的一个整体，火势便由此开始以层为中心蔓延，尼龙防护网的燃烧引燃了脚手架上的毛竹片，同时引燃了各层室内的窗帘、家具、煤气管道的残余气体等易燃物质，造成火势的急速扩大，并于 15 时 45 分火势达到最大。在消防队的救援下这种火势持续了 55 分钟，火势于 16 时 40 分开始减弱，火灾重点部位主要转移到了 5 层以下。中高层可燃物减少，火势急速减弱。在消防员的不懈努力下，火灾 18 时 30 分被基本扑灭。随后消防员进入楼内扑灭残火和抢救人员。

3. 事故原因分析

1）直接原因

（1）焊接人员无证上岗，且违规操作，同时未采取有效防护措施，导致焊接熔化物溅到楼下不远处的聚氨酯硬泡保温材料上，聚氨酯硬泡迅速燃烧，引燃楼体表面可燃物，大火迅速蔓延至整栋大楼。

2010 年刚刚颁布的《特种作业人员安全技术培训考核管理规定》中第 5 条、《建设工程安全生产管理条例》第 6 条、《中华人民共和国安全生产法》第 82 条第 4 款都要求焊接等特种作业人员需经过专业培训，取得《中华人民共和国特种作业操作证》后，方可上岗作业。

焊接人员未向业主单位或者施工单位出示特种作业焊接的操作资格证，同时业主单位或者施工单位也未向焊接人员要求特种作业焊接的操作资格证，焊接时未能按照焊工安全操作规程采取防护或隔离措施，焊工安全操作规程规定：在工作中，不论是站立还是仰卧都应垫放绝缘体；严禁在易燃品或者易爆品周围焊接，必须焊接时，必须超过 5m 区域外方可操作。

（2）工程中所采用的聚氨酯硬泡保温材料不合格或部分不合格。

硬泡聚氨酯是新一代的建筑节能保温材料，导热系数是目前建筑保温材料中最低的，是实现我国建筑节能目标的理想保温材料。按照我国建筑外墙保温的相关标准要求，用于建筑节能工程的保温材料的燃烧性能要求是不低于 B2 级。而按照标准，B2 级别的燃烧性能要求应具有的性能之一就是不能被焊渣引燃。很明显，该被引燃的聚氨酯硬泡保温材料硬泡不合格。

2）间接原因

（1）装修工程违法违规，层层多次分包，导致安全责任落实不到位。

发生事故的大楼外墙节能保温改造由上海市××建设总公司总承包，总承包方又将全部工程分包给上海××建筑装饰工程公司，上海××建筑装饰工程公司又将工程进一步分包，脚手架搭设作业分包给上海××物业管理有限公司施工，节能工程、保温工程和铝窗作业，通过政府采购程序分别选择××节能工程有限公司和××铝门窗有限公司进行施工。上海××物业管理有限公司将脚手架工程又分包给其他公司、施工队等；××节能工程有限公司将保温材料又分包给三家其他单位。

《中华人民共和国建筑法》第二十八条规定：禁止承包单位将其承包的全部建筑工程转包给他人，禁止承包单位将其承包的全部建筑工程肢解以后以分包的名义分别转包给他人；第二十九条规定：施工总承包的，建筑工程主体结构的施工必须由总承包单位自行完成。而这里的施工总承包单位上海××建设总公司却将所有工程分包给上海××建筑装饰工程公司。第二十九条同时规定，禁止分包单位将其承包的工程再分包，而分包商上海××建筑装饰工程公司却又将工程层层分包给数家单位施工，使得安全责任层层减弱，给安全管理带来很大的阻碍，给施工带来很大的事故隐患。

（2）施工作业现场管理混乱，存在明显的抢工期、抢进度、突击施工的行为。

根据《建设工程安全生产管理条例》第七条：建设单位不得对勘察、设计、施工、工程监理等单位提出不符合建设工程安全生产法律、法规和强制性标准规定的要求，不得压缩合同约定的工期。第十条：建设单位在申请领取施工许可证时，应当提供建设工程有关安全施工措施的资料，依法批准开工报告的建设工程，建设单位应当自开工报告批准之日起

15 日内，将保证安全施工的措施报送建设工程所在地的县级以上地方人民政府建设行政主管部门或者其他有关部门备案。施工场所应设置完善的安全措施，包括消防设施，在建立了完善的施工计划、确定了工期后应按计划进行施工。而本大楼未安设安全措施且是在有 156 名住户的情况下进行施工，更应该注意按制度执行。

（3）事故现场安全措施不落实，违规使用大量尼龙网、毛竹片等易燃材料，导致大火迅速蔓延。

火灾能够蔓延并扩大至全楼的原因不是聚氨酯硬泡保温材料的不合格，而是事故大楼楼体表面上违规使用的易燃的尼龙防护网和脚手架上的毛竹片。施工地点必须使用防护网，脚手架上也必须放置踏板，但材料的选用必须符合《建设工程安全生产管理条例》的规定，能够保证安全，不会发生燃烧才行。

（4）监理单位、施工单位、建设单位存在隶属或者利害关系。

建设单位上海××建交委，直接管辖着工程总承包单位上海××建设总公司，第一分包单位上海××建筑装饰工程公司及监理单位都是上海静安建设总公司的全资子公司，因此，监理单位、施工单位、建设单位存在明显的隶属及利害关系。《中华人民共和国建筑法》中第三十四条规定，工程监理单位与被监理工程的承包单位以及建筑材料、建筑构配件和设备供应单位不得有隶属关系或者其他利害关系。这次事故中，监理单位、施工单位、建设单位可能存在相互配合、共同牟利的可能性。

监理公司没有认真履行建设工程安全生产职责，未依照法律、法规规定施行工程监理，对无证施工行为未能采取有效措施加以制止，未认真落实《建设工程安全生产管理条例》第十四条第二款规定的安全责任，在施工单位仍不停止违法施工的情况下，并没有及时向有关主管部门报告，对事故发生负有监督不力的责任。

（5）有关部门监管不力，导致以上四种情况"多次分包多家作业、现场管理混乱、事故现场违规选用材料、建设主体单位存在利害关系"的出现。

相关部门对建筑市场监管匮乏，未能对工程承包、分包起到监督作用，缺乏对施工现场的监督检查，对施工现场无证上岗等情况未能及时发现并处置。有关部门对于业主单位上报备案的施工单位、监理单位未能进行检查，导致施工单位与监理单位存在"兄弟单位"关系。这种情况可能很多，而发生事故的只有一小部分，使有关监管部门放纵与容忍各承包商、开发商的恶行，出了事故就会发生大麻烦。

3）事故性质

根据对事故原因的分析，依据《建筑法》等相关法律，认定本事故是典型的责任事故。

4. 事故处理

根据国务院批复的意见，依照有关规定，对54名事故责任人作出严肃处理，其中26名责任人被移送司法机关依法追究刑事责任，28名责任人受到党纪、政纪处分。

国家安全生产监督管理总局依据《安全生产法》、《生产安全事故报告和调查处理条例》等法律和行政法规规定，责成上海市安全生产监督管理局对事故相关单位按法律规定的上限给予经济处罚。

5. 结论及建议

上海教师公寓特大火灾事故的主要原因有两个，一是无证焊工的违章作业，二是贪图便宜而采用的易燃材料不能承受焊渣的温度而燃烧。但归根结底还是上层管理部门的问题。一是上层不监管，下层早晚会犯错。二是上层部门贪污，原料的采购为便宜货，不符合有关安全标准，即使不是"豆腐渣"，"馒头渣"也不行。以下为一些建议。

1）施工总包企业要建立健全安全质量管理制度并落实

施工总承包企业要规范自己的分包行为，严格监督分包单位的工作情况，不分包给不具有资格或内部人员不具有操作资格的单位，对发现的分包单位的违法分包等情况要及时制止，严重的直接加入黑名单，不能因为是"兄弟单位"就降低要求。施工总包企业对分包单位要进行监督管理，及时发现事故隐患，并勒令其整改。

施工单位要加大对作业人员的安全教育培训和上岗要求，对特种作业人员必须严格进行培训，并要求具备特种作业操作资格证，杜绝无证上岗的行为。培训时尤其要注意提高其安全意识，增强安全操作技能，将事故发生的可能降到最低。

施工企业要落实安全责任制，项目主要负责人、专职安全管理人员必须加强日常安全生产的监督检查，尤其对于一些危险性较大的施工作业，必须进行现场监督、指导，及时制止"三违"行为。

2）监理单位切实履行监理职责

按照《建设工程监理规范》及《建设工程安全管理条例》，工程监理单位应严格在施工准备阶段对工程总包单位、各分包单位的资质进行审查并提出审查建议，同时严格在施工阶段的日常管理，对违反国家强制性标准的不安全行为，及时制止并下达整改通知，通知无效的，要立即上报建设单位，建设单位不采纳的，要上报安全生产主管部门。当然，一个监理部门这样做，总包单位可能会终身不用之，但若全社会的监理机构均如此做，其便不得不用。所以，要加强监理部门的职业道德，杜绝"走后门"情况。

3）政府主管部门加强监督管理的职能

政府主管部门需进一步规范施工许可证的受理发放流程，确保建设工程的安全生产。

严格加强对复工、新开工工地的审核，严格执行自查、整改、复工申请、现场复核、监督抽查和审核批准等程序办理复工手续；对需申领施工许可证的新开工工程，严格按施工许可申请、现场核查和申领施工许可证等程序办理有关手续。政府监管部门要加强施工现场的检查力度，突出重点，抓住关键环节，反"三违"（违章指挥、违章作业、违反劳动纪律）、查"三超"（超载、超员、超速）、禁"三赶"（赶工期、赶进度、赶速度），对违规行为进行重罚，加强人们警戒、落实监督的责任。

4）高层逃生知识培训，让居民与工作人员了解逃生方法

（1）逃生勿入电梯。火场逃生要迅速，动作越快越好，但是，千万不要轻易乘坐普通电梯。

（2）楼梯可以救急。逃生时应尽量利用防烟楼梯间、封闭楼梯间。

（3）不可钻床底、衣橱、阁楼。钻到床底下、衣橱内，不易被消防人员发觉，难以获得及时营救。

（4）不可盲目跳楼。可用房间内的床单、窗帘等织物连成绳索滑向楼下。

（5）学会使用求救信号。除了拨打手机之外，也可从阳台或临街的窗户向外发出呼救信号，帮助营救人员找到确切目标。

（6）火灾来临时应保持镇静，明辨方向。

案例六　××工人宿舍火灾事故

1. 事故简介

2012年10月10日4时58分许，××集团隧道工程有限公司周至县境内引水工程项目经理部承建的秦岭隧洞6号勘探试验洞主洞延伸段工程项目工地生活区民工宿舍发生重大火灾事故，导致13人死亡，25人受伤，直接经济损失1183.86万元。

2. 事故原因分析

起火建筑为一幢3层彩钢板结构活动板房，属于临时建筑，总建筑面积约为1400m²，主要用于施工人员住宿，有173张床位。

经核查，该建筑无论是每层的建筑面积、材料防火性能、安全疏散通道设置，还是灭火器材配置、临时消防设施设置等诸多方面，都严重违反了国家《建设工程施工现场消防安全技术规范》的要求。

经现场调查，施工单位严重忽视施工现场的消防安全，违章使用易燃可燃的聚氨酯泡沫夹芯板搭建集体宿舍，没有按规定设置疏散通道，宿舍内乱接乱拉电线，随意使用电热器具，现场没有设置消防设施，对员工没有进行有效的消防安全常识教育。

加之工地地处秦岭深处，消防施救力量也是鞭长莫及。事故损失惨重。

3. 事故处理

根据调查事实和有关法纪规定，处理如下：

（1）事故直接责任人移送司法机关处理；

（2）行政处理。

4. 启示及教训

（1）防火是"冬季四防"内容之一，冬季来临前要按要求开展防火检查，各单位要加强区域内仓库、油库、宿舍等易燃易爆位置的检查。

（2）要加强消防安全管理，足额配备消防器材，组织进行消防培训、演练，确保掌握火灾事故救援程序，科学、及时处理各种火灾事故。

案例七　××建设项目高处坠落事故

2013 年 5 月 20 日，××建设集团股份有限公司（以下简称××集团公司）承建的××建设项目工地工人董××，在 2 号楼 2 单元西侧电梯井内 15 层清理垃圾时，不慎坠落，导致木楞穿体，经抢救无效死亡。直接经济损失 90 万元。

事故发生后，事故单位及时报告了秦皇岛市城乡建设局（以下简称市建设局），市建设局于 2013 年 5 月 20 日 11 时 45 分上报了秦皇岛市安全生产监督管理局（以下简称市安监局）。市建设局和市安监局接到报告后，分别立即赶往事故现场组织救援，并及时向秦皇岛市人民政府（以下简称市政府）进行了报告。

经市政府批准，及时成立了由市安监局、市监察局、市公安局、市总工会组成的××建设集团股份有限公司高坠死亡事故调查组，并邀请市检察院派员参加事故调查工作。同时，聘请建筑行业有关专家参与事故调查工作。

事故调查组经过现场踏勘，对电梯井内安全防护搭设情况进行分析，查看影像资料，对相关人员进行询问，查清了事故发生的原因，认定了事故性质，提出了对相关责任单位和责任人员的处理建议，现将事故调查结果报告如下。

1. 事故发生经过和救援过程

（1）事故发生经过。

××集团公司秦皇岛分公司承建的××建设项目施工现场经理李××2013 年 5 月 20 日 6 时 20 分左右上班后，安排架子工班组清理电梯井垃圾，班长付××接到任务后，在 2 号楼楼下给班组的 4 个工人分配工作，2 个人一个井，董××和周××清理 2 号楼 15 层 1 单元西侧电梯井，周××和付××清理 2 号楼 15 层 2 单元东侧电梯井。董××和周××乘坐双笼电梯直接到 15 层后，从电梯井门口的钢筋防护栏的中间空隙钻进去开始干活，董××在靠近井里面的东南角位置，周××在靠近门口的西北角位置，董××拿着手锤和钎子凿粘在搭设的硬防护平台上的水泥垃圾，周××用铁锹把董××凿下来的垃圾往外清，大约清理到 10 时左右时，董××踩翻了踏板，不慎跌了下去，随后硬防护平台往下陷，周××发现情况危急，迅速用手抓住了门口的钢筋栏杆爬出了电梯井。而后，周××就大声喊在东侧电梯井干活的人周××和付××：有人掉下去了，然后就马上给班长付××打电话说：有人掉下去了。周××打完电话后，向楼下跑，一层一层地找防护网，查看是不是防护网把人接住了，但一直找到一楼也没有发现防护网兜着人。班长付××接到周××的电话后，立即向一楼电梯井跑去，看董××掉下来没有。此时周××从楼上往下找，一直到一楼也没有发现董××，他们就赶紧向地下室跑去，由于地下室太黑暗，2 人用手机的光亮看见董××倒栽在地下室的电梯井里的木楞上。

（2）事故救援过程。

事故发生后，××集团公司施工现场经理李××在办公室接到架子工班班长付××打来电话后，马上跑出办公室直奔事故现场，到现场后立即组织人力进行抢救，并拨打 120 急救电话求援，大约 20 分钟救护车赶到。120 急救中心医务人员及时带上救护用品到 2 号楼地下室进行抢救，李××组织现场人员按照医务人员的要求，把伤者抬到了救护车的附近，医务人员对伤者进行抢救，因伤势过重，伤者经抢救无效死亡。李××及时将事故发生情况逐级进行了上报。××集团公司秦皇岛分公司经理田××接到事故上报电话后，立即宣布启动了××集团公司秦皇岛分公司事故处置应急救援预案，并将事故发生情况及时逐级上报了××集团公司董事局主席、法人李××，李××接到事故上报电话后，责成秦皇岛分公司保护好现场，全力做好善后工作，及时上报政府部门，并派员前往秦皇岛参与事故处置工作。秦皇岛分公司经理田波按照公司总部领导指示，及时将事故情况上报了市建设局，市建设局于 2013 年 5 月 20 日 11 时 45 分上报了市安监局。

2. 人员伤亡情况

本次事故造成 1 人死亡。

3. 事故发生的原因及性质

1）事故直接原因

（1）作业人员在电梯井 15 层防护平台上清理垃圾时，由于振动，造成防护平台水平支撑滑落，平台板发生倾翻，是造成坠落事故的直接原因。

（2）在安全系数较小又处于高处的防护平台上作业，作业人员虽配备了安全带，但在进行清理作业时没有悬挂，平台板发生倾翻时失去了保护，是造成坠落事故的又一直接原因。

2）事故间接原因

（1）事故现场的电梯井内虽按要求每三层设置了一道安全兜网，但安全网固定不牢固，在重物冲击下失去了防护作用，致使作业人员发生坠落后穿过 4 道安全兜网坠落到电梯井底部。

（2）企业安全教育培训工作不到位，未按照国家有关规定对职工进行三级安全教育培训，致使职工安全意识淡薄，违章作业。

（3）施工单位对作业现场安全检查不到位，企业未认真履行安全检查制度，对作业人员在作业过程中，虽佩戴安全防护设施但没有悬挂使用的情况未能及时发现并制止。

（4）监理单位对搭设电梯井的防护平台和安全兜网存在安全隐患未能及时发现并提出整改措施，且在进行电梯井清理作业过程中未进行安全监理检查。

3）事故性质

事故调查组通过事故调查认定，××建设集团股份有限公司高坠死亡事故，是一起死亡 1 人的一般生产安全责任事故。

4. 对事故责任人的认定及处理建议

1）对××集团公司相关责任人的处理建议

（1）董××，××集团公司架子工。

安全意识淡薄，在作业过程中虽配备安全带，但没有悬挂使用，导致 15 层电梯井防护平台板发生倾翻时失去了保护。董××对此次事故的发生负有直接责任。

鉴于本人已在本次事故中死亡，故不再追究其责任。

（2）付××，2012 年 7 月任××集团公司××建设项目工地施工队架子工班组班长。主要负责本班组的全面工作。

对本班组的教育培训不到位，安全检查不到位，在此次事故中负有管理责任。

建议按照事故处理"四不放过"的原则，由××集团公司按照公司内部有关规定给予处罚。

（3）闫××，2011 年 10 月任××集团公司××建设项目施工队安全员，负责××集团公司××建设项目工地现场安全管理工作。

对施工作业人员安全教育培训工作落实不到位，对作业现场安全监督、检查不到位，在此次事故中负有安全管理责任。

建议按照事故处理"四不放过"的原则，由××集团公司按照公司内部有关规定给予处罚。

（4）陈××，2013 年 3 月任××集团公司××建设项目工地工长。负责××集团公司××建设项目的施工作业现场和施工队的人员管理工作。

对工人教育培训不到位，对施工作业的安全监督检查不到位，安全管理不到位。在此次事故中负有管理责任。

建议按照事故处理"四不放过"的原则，由××集团公司按照公司内部有关规定给予处罚。

（5）李××，2013 年 3 月任现场经理，负责××集团公司××建设项目施工现场的全面工作。

在此次事故中负有安全管理不到位、安全监督检查不到位的责任。

建议按照事故处理"四不放过"的原则，由××集团公司按照公司内部有关规定给予处罚。

（6）熊××，2011 年任××集团公司秦皇岛分公司××建设项目项目部专职安全员，主要负责本项目部的教育培训工作和安全管理工作。

对本项目部的教育培训不到位，安全管理不到位，安全监督检查不到位。在此次事故中负有管理责任。

建议按照事故处理"四不放过"的原则，由××集团公司按照公司内部有关规定给予处罚。

（7）刘××，2005 年 9 月任××集团公司安全生产部专职安全员，2013 年 3 月被公司派驻秦皇岛负责××建设项目的安全管理工作。主要负责对本项目的教育培训工作和安全管理工作。

对本项目部的教育培训不到位，安全管理不到位，安全监督检查不到位。在此次事故中负有管理责任。

建议按照事故处理"四不放过"的原则，由××集团公司按照公司内部有关规定给予处罚。

（8）刘××，××集团公司××建设项目项目部经理，负责××建设项目全面工作。

未对搭设的电梯井内安全防护平台和安全兜网进行安全检查和测试，且未认真督促检查作业现场安全管理工作，及时发现并消除安全隐患。在此次事故中负有领导责任。

建议按照事故处理"四不放过"的原则，由××集团公司按照公司内部有关规定给予处罚。

（9）田××，2011 年 4 月任××集团公司秦皇岛分公司经理，负责分公司的全面工作。

未认真督促检查落实公司的三级安全教育培训工作和安全管理工作。在此次事故中负有领导责任。

建议按照事故处理"四不放过"的原则，由××集团公司按照公司内部有关规定给予处罚。

（10）于××，2011年1月任××集团公司安全生产部经理，负责公司的安全生产管理及职工教育培训等工作。

未有效督促各区域分公司做好职工三级安全教育培训工作，对公司作业现场安全生产检查工作督促落实不到位，在此次事故中负有领导责任。

建议按照事故处理"四不放过"的原则，由××集团公司按照公司内部有关规定给予处罚。

（11）张××，2010年8月任××集团公司总工程师，主要分管安全生产、技术质量、科技研发等工作。

对企业员工安全教育培训工作、企业现场安全检查工作督导检查不到位。在此次事故中负有领导责任。

建议按照事故处理"四不放过"的原则，由××集团公司按照公司内部有关规定给予处罚。

（12）李××，中共党员，2001年9月任××集团公司董事会主席、法人，负责公司全面工作。

未认真督促、检查集团公司各区域分公司的安全生产工作，及时消除生产安全隐患，在此次事故中负有主要领导责任。

建议依据国务院《生产安全事故报告和调查处理条例》第三十八条第（一）项之规定，由市安监局对李××处上年度收入（6.96万元）30%即2.088万元的罚款。

2）对××监理公司相关责任人的处理建议

（1）吕××，2011年3月任××监理公司工程监理，负责××集团公司××建设项目工程监理工作。

未认真履行监理职责，对施工现场存在的安全隐患未能及时发现并提出整改措施。在此次事故中负有监理不到位的责任。

建议由××监理公司按照事故处理"四不放过"的原则，依据公司内部有关规定给予处罚。

（2）宋××，2003年任××监理公司总监，全面负责××集团公司××建设项目监理工作。

对监理员的监理工作督促检查不到位，在此次事故中负有领导责任。

建议由××监理公司按照事故处理"四不放过"的原则，依据公司内部有关规定给予处罚。

（3）黎××，1998年2月任××监理公司经理、法人，负责公司的全面工作。

未认真督促检查本公司监理工作，在此次事故中负有一定领导责任。

建议责成其向市建设局写出书面检查。

5. 对事故责任单位实施行政处罚的建议

1）对××集团公司行政处罚建议

××集团公司对职工安全教育培训工作落实不到位，未认真督促检查作业现场安全管理工作，对搭设电梯井的防护平台、安全兜网存在缺陷未能及时发现并纠正，对作业人员虽配备安全带但没有进行悬挂使用的行为未能及时发现并制止，对本起事故负重要责任。

建议依据国务院《生产安全事故报告和调查处理条例》第三十七条第（一）项之规定，由市安监局对其处以 15 万元罚款。

2）对××监理公司行政处罚建议

××监理公司，对存在的安全隐患未能及时发现并提出整改措施，对本起事故负有一定的责任。

建议依据国务院《生产安全事故报告和调查处理条例》第三十七条第（一）项之规定，由市安监局对其处以 15 万元罚款。

6. 事故防范和整改措施

为防止类似事故再次发生，总结本起事故教训，在今后工作中事故相关单位必须落实好以下防范措施。

1）建筑施工单位

（1）要深刻汲取本次事故血的教训，广泛开展事故警示教育，全面提升整体安全意识，确实严格落实国家规定的建筑施工安全防护措施，杜绝类似事故。

（2）进一步加强全员安全教育培训。建筑施工单位要大力加强日常安全生产教育培训，认真开展施工安全技术交底、告知工作，进一步规范教育内容、培训时间和师资配备等有关要求，使每名施工人员真正了解岗位安全操作规程、相关安全规章制度和工程施工中的各类危险源（点），全面提升全员安全素质，坚决杜绝各类"三违"现象的发生。

（3）深入开展事故隐患排查治理。建筑施工单位要认真按照住房和城乡建设部颁布的《建筑施工安全检查标准》JGJ 59—2011，深入开展安全生产自查自纠活动，认真排查治理各类安全生产事故隐患。定期进行安全检查；把隐患排查治理工作落到实处，严格专职安全管理人员的检查责任和项目负责人的隐患整改消除责任，加强日常安全生产检查巡查，大力降低隐患总量和发生频率。

（4）切实健全建筑施工安全保证体系。建筑施工单位要认真按照《安全生产法》、《建设工程安全生产管理条例》等相关法规，健全完善各项建筑施工安全生产规章制度和标准，提高施工现场本质安全水平。要继续完善落实安全生产"三项制度"和安全生产承诺等长效机制，深化覆盖层面，强化责任落实，加大安全投入，形成安全管理刚性制度，有效推动安全保证体系建设。

（5）不断强化相关管理人员的责任意识。建筑施工单位要加强项目负责人、专职安全管理人员现场检查整改责任，对现场存在的重大安全问题，安全员有权要求立即停工整改，并及时上报项目负责人，项目负责人必须及时整改消除隐患，确保施工安全。

2）建筑工程监理单位

认真总结本起事故血的经验教训，切实依法认真履行监理职责，防患于未然，在今后工作中必须落实好以下监理职责：

（1）认真落实日常检查和旁站监理责任，突出安全监理作用；切实规范安全专项方案和现场安全条件审核、安全技术措施验收、安全隐患排查治理、重点危险部位旁站监督等监理程序，有效落实安全监理责任。

（2）必须加强对总监理工程师和专业监理人员的日常管理，提高相关人员安全生产责任意识，严格履行程序，杜绝责任不清、检查不到位、发现隐患不及时限期整改等不良行为，确保监理职责落实到位。

案例八　××小区项目高处坠落事故

2013年3月6日7时40分左右，石家庄市××项目F1区二次结构施工中发生一起高处坠落事故，造成2人死亡、1人重伤，直接经济损失约210万元。

1. 事故发生经过和事故救援过程及报告情况

1）工程概况

石家庄××项目F1区包含两栋塔楼和塔楼之间的裙楼。工程占地面积约4万 m^2，结构形式为框架结构，总建筑面积为19.6万 m^2，建筑高度99.75m，地上25层，地下3层，裙楼6层。工程总造价约2亿元。

该工程于2011年10月15日开工建设，建设单位为石家庄××投资有限公司，施工总承包单位为××有限公司，二次结构及粗装修施工分包单位为山东××建筑安装劳务有限公司，监理单位为上海××建设管理咨询有限公司。

事故发生于裙楼（裙楼建筑地上6层，高度32m，地下3层，深度16m），部位位于6层L-M轴线的三号楼梯西侧风井洞口处。

目前裙楼主体已完工，正在进行二次结构维护砌筑。

2）事故发生经过

2013年3月6日7时许，山东××建筑安装劳务有限公司工长于××带领魏××等人在石家庄××项目F1区裙楼6层北区砌筑内隔墙的加气混凝土块墙。这时由于室外北侧外用施工升降机地面附近堆放的加气混凝土砌块已使用完毕，室外南侧外用施工升降机地面附近还有堆放的加气混凝土砌块。工长于××让2名运送加气混凝土砌块的工人李××等，装满了两车加气混凝土砌块，计划从南侧外用施工升降机上到6层，再经室内东侧的南北通道从南运往T-W/2-7轴北侧的砌筑点。

由于6层中部预应力混凝土板区拆模后，大面积堆放着拆除的模板、碗扣式架管、木方等，高度约1.2m（三天前已拆完），阻断了6层楼内东侧的南北之间的通道。在阻断通道的西侧是3号人行楼梯，楼梯的西侧是裙楼的风井洞口，洞口南北长8.2m、东西宽1.2m，洞口上铺着防护木脚手板（系空中层间防护棚，其风井洞口直通到地下3层）。为了缩短运输距离，于××违反施工现场安全防护设施管理规定，在未报审总包单位、监理单位的情况下，私自强令指挥李××等人移开T-W/2-7轴风井洞口南北两端部位的临边防护栏杆，在风井洞口的防护木脚手板上面搭铺了一层竹胶板，将风井口上空中层间防护棚作为运输通道使用。

李××等将装满加气混凝土砌块的小车推到南端的风井洞口处，第一趟车从空中层间防护棚上通过。7时40分左右，在过第二趟车时，一人推不动，二人推拉，于××看到两个人推拉不动就上来帮忙推拉，三人共同猛用力推拉，防护木脚手板突然断裂，三人随同小车、加气混凝土砌块及防护木脚手板、竹胶板等一同坠落。下落过程中，三人及物料砸脱二楼的层间防护网后，又将在一层洞口中间附设的施工消防管（直径100mm）砸弯1.25m，防护木脚手板、竹胶板砸落，架管被砸弯（东头砸弯、西头砸脱），小车坠落到一层，大部分砌块均坠落至地下负3层地面上。同时，于××、李××二人坠落到地下负

3 层地面上（坠落高度 40 余米），另一人坠落至 1 层时被 1 层风井洞口的消防水管阻挡（坠落高度约 25m），架在 1 层风井洞口的消防水管上。

3）事故救援过程

事故发生后，现场保安立即报告项目部，并拨打 120、119 求救。项目部管理人员及安全员立即赶往事发现场。将近半小时后，120 急救车和消防官兵先后到达事故现场，经医务人员诊断确认于××、李××已经死亡；消防官兵迅速将架在 1 层风井口消防水管上的那名工人救出，由 120 急救车送往河北省医科大学附属第一医院医治。

4）事故报告情况

发生事故后，事故发生单位及时拨打 110 报警，区公安分局接到报警后，迅速将事故相关情况上报了区政府。

区政府接到事故报告后，由区安监局立即将事故相关情况报告给市安监局。

5）其他有关情况

（1）事故类别：高处坠落。

（2）事故严重级别：一般死亡事故。

（3）事故直接经济损失：约 210 万元。

（4）伤亡人员情况：2 人死亡、1 人重伤。

2. 事故原因和性质认定

1）直接原因

山东××建筑安装劳务有限公司工长违章指挥，两名员工违章冒险作业，违规拆除 6 层风井预留洞口两端防护栏杆，强行使用空中层间防护棚作为运输通道（6 层风井洞口的空中层间防护棚的架设，系用一端悬空的架管内套直径 14mm 的钢筋插入东墙作支撑）运输加气混凝土砌块。在一人推不动装满加气混凝土砌块车的情况下，三人共同猛用力由南向北推拉小车，钢筋在瞬间强大的冲击力、超重的人及物料的重压下断裂、滑脱，防护木脚手板突然悬空受力、断裂、坍塌，防护网被砸脱，致使三人随运料推车一起坠落是事故发生的直接原因。

2）间接原因

（1）事故发生单位对从业人员安全教育培训不够，安全管理不到位。基层管理人员和施工人员缺乏必要的安全知识，安全意识淡薄，忽视安全，未能深刻认识到作业岗位存在的危险因素，不能有效地进行自我保护。安全隐患排查和整治不力，对职工违章作业、冒险作业行为未及时检查并及时制止。

（2）施工现场施工组织不合理，各工种、工序间协作衔接性差，拆下的模板、钢管和木方等未及时清理，造成施工现场没有安全通道和有效的施工作业面。

（3）总包单位未严格按照规定对分包单位从业人员进行安全生产教育培训；安全管理不到位，安全隐患排查和整治不够，对违章行为未能及时制止。

（4）监理单位未认真履行监理责任，缺乏强有力的监督管理，施工现场安全监督检查不到位。

（5）建设单位对安全生产工作整体协调、管理不到位。

3）事故性质

这是一起因违章指挥，违章作业，冒险作业，安全生产教育培训和管理不到位，安全隐患排查整治不力，安全生产责任落实不到位而引发的一般生产安全责任事故。

3. 事故有关责任人员和责任单位的处理建议

1）对事故有关责任人员的处理建议

（1）于××，山东××建筑安装劳务有限公司工长。

安全意识淡薄，忽视安全，违反安全防护设施管理规定，强令工人违章冒险作业，并参与违章作业，对该事故的发生负有直接领导责任和直接责任，并涉嫌重大责任事故罪。

鉴于于××在本起事故中已死亡，不再追究其责任。

（2）李××等人为山东××建筑安装劳务有限公司职工。

缺乏必要的安全知识，安全意识淡薄，忽视安全，违章作业，冒险作业，对该事故的发生负有直接责任。

鉴于李××在本起事故中已死亡，另一名工人在事故中因工受重伤，不再追究其责任。

（3）魏××，山东××建筑安装劳务有限公司专职安全员，负责该公司分包的石家庄××项目 F1 区写字楼二次结构及粗装修工程的安全生产管理工作。

未依法履行安全生产管理人员的职责，对事故发生负有一定责任。

责成山东××建筑安装劳务有限公司依照内部规定对其严肃处理。

建议由石家庄市建设局依据《建筑企业主要负责人、项目负责人和专职安全生产管理人员安全生产考核管理暂行规定》（建质〔2004〕59 号）第十七条，按规定程序建议发证机关对魏××的安全生产考核合格证书【编号：鲁建安 C（2008）××】予以处理，并将其不良行为在石家庄市建筑市场建立不良信用记录。

（4）李××，山东××建筑安装劳务有限公司项目负责人，负责该公司分包的石家庄××项目 F1 区写字楼二次结构及粗装修工程的日常管理工作。

为现场的劳务分包单位的第一责任人，未依法履行项目负责人的职责，对事故发生负有重要责任。

李××未取得省级建设行政主管部门颁发的《安全生产考核合格证》，不具备项目负责人资格。责成山东××建筑安装劳务有限公司立即停止其执业，依照内部规定对其严肃处理。

建议由石家庄市建设局将李××的不良行为在石家庄市建筑市场建立不良信用记录。

（5）崔××，山东××建筑安装劳务有限公司主要负责人，负责公司全面工作。

未依法履行安全生产管理职责，其行为违反了《中华人民共和国安全生产法》第十七条第四项的规定，对事故发生负有主要领导责任。依据《生产安全事故报告和调查处理条例》第三十八条第一项的规定，建议由裕华区安全生产监督管理局给予山东××建筑安装劳务有限公司主要负责人崔××上一年年收入 30%（人民币 30600 元）罚款的行政处罚。

建议由石家庄市建设局依据《建筑企业主要负责人、项目负责人和专职安全生产管理人员安全生产考核管理暂行规定》（建质〔2004〕59 号）第十七条，按规定程序建议发证机关对崔××的安全生产考核合格证书【编号：鲁建安 A（2008）××】予以处理，并将其不良行为在石家庄市建筑市场建立不良信用记录。

（6）王××，××有限公司专职安全员，负责石家庄××项目 F1 区写字楼工程的安全生产管理工作。

未依法履行安全生产管理人员的职责，对事故发生负有一定责任，责成××有限公司依照内部规定对其严肃处理。

建议由石家庄市建设局依据《建筑企业主要负责人、项目负责人和专职安全生产管理人员安全生产考核管理暂行规定》（建质〔2004〕59号）第十七条，按规定程序建议发证机关对王××的安全生产考核合格证书【编号：沪建安C（2011）××】予以处理，并将其不良行为在石家庄市建筑市场建立不良信用记录。

（7）李××，××有限公司项目经理，负责石家庄××项目F1区写字楼项目的全面工作。

未依法履行安全生产管理职责，对事故发生负有领导责任。

依据《安全生产违法行为行政处罚办法》（国家安监总局令15号），建议由裕华区安全生产监督管理局对其处以5000元的罚款，并责成××有限公司依照内部规定对其进行严肃处理。

建议由石家庄市建设局依据《建筑企业主要负责人、项目负责人和专职安全生产管理人员安全生产考核管理暂行规定》（建质〔2004〕59号）第十七条，按规定程序建议发证机关对李××的安全生产考核合格证书【编号：京建安B（2004）××】予以处理，并将其不良行为在石家庄市建筑市场建立不良信用记录。

（8）边××，上海××建设管理咨询有限公司监理，负责石家庄××项目F1区写字楼项目的安全监理。

未督促施工单位对隐患及时进行整改，对事故发生负有一定的管理责任。

责成上海××建设管理咨询有限公司依照内部规定对其进行严肃处理。

建议由石家庄市建设局将边××的不良行为在石家庄市建筑市场建立不良信用记录。

（9）朱××，上海××建设管理咨询有限公司总监，注册执业证书编号××，为石家庄××项目F1区写字楼的项目总监。

监督检查不够，对现场存在的不安全因素未能及时发现和要求整改，对事故发生负有一定的管理责任。

责成上海××建设管理咨询有限公司依照内部规定对其进行严肃处理，责令其作出深刻检查，在本公司通报批评，按照公司经济处罚意见处以罚款。

建议由石家庄市建设局将朱××的不良行为在石家庄市建筑市场建立不良信用记录。

（10）周××，石家庄××投资有限公司工程部经理，负责石家庄××项目F1区写字楼的项目管理工作。

对本工程的安全生产工作统一协调、管理不力，对该事故的发生负有一定的管理责任。

建议由石家庄××投资有限公司按照公司管理规定对周××作出处理，责令其作出深刻检查，在本公司通报批评。

2）对事故责任单位的处理建议

（1）山东××建筑安装劳务有限公司

对分包的石家庄××项目F1区写字楼二次结构及粗装修工程，违反施工现场安全防护设施管理规定，未对基层管理人员和作业人员违章指挥、违章作业及时检查并及时纠正；未严格按照规定要求对从业人员进行安全生产教育和培训；未教育和督促从业人员严格执行本单位的安全生产规章制度和安全操作规程，并向从业人员如实告知作业场所和工作岗位存在的危险因素和防范措施，违反了《中华人民共和国安全生产法》第四条、第二十一条、第三十六条的规定，对此次事故的发生负有责任。依据《生产安全事故报告和调查处理条例》（国务院令第 493 号）第三十七条第一项的规定，建议由裕华区安全生产监督管理局给予山东××建筑安装劳务有限公司 17 万元罚款的行政处罚。

建议由市建设局暂停山东××建筑安装劳务有限公司在石家庄市行政区域内承接新的工程施工的审批，并将山东××建筑安装劳务有限公司清出石家庄市建筑市场。

建议由石家庄市建设局依据《建筑施工企业安全生产许可证动态监管暂行办法》（建质〔2008〕121 号）第十四条，按规定程序建议发证机关对山东××建筑安装劳务有限公司《安全生产许可证》【证号：（鲁)JZ 安许证字（2009)××】予以暂扣。

（2）××有限公司

作为石家庄××项目的总承包单位，对石家庄××项目 F1 区写字楼二次结构及粗装修工程分包单位的安全生产工作统一协调、管理不到位，未认真履行好总承包单位的安全生产管理职责，未严格按规定要求对分包单位的从业人员进行安全生产教育和培训，未对发现的安全隐患采取措施及时整改，违反了《中华人民共和国安全生产法》第二十一条、《安全生产事故隐患排查治理暂行规定》（国家安监总局令第 16 号）第十条、第十二条的规定，建议由裕华区安全生产监督管理局对××有限公司依据《安全生产培训管理办法》（国家安监总局令第 44 号）第五十条和《安全生产违法行为行政处罚办法》（国家安监总局令第 15 号）第 44 条的规定合并处罚 5 万元的罚款。

建议石家庄市建设局责令××有限公司在石家庄市行政区域内的在建工程全面停工整改，健全安全保证体系，经整改并检查合格后方可施工。在全市范围内对其予以通报批评，将其不良行为在石家庄市建筑市场建立不良信用记录。

（3）上海××建设管理咨询有限公司

对石家庄××项目 F1 区写字楼二次结构及粗装修工程的安全生产工作，未及时认真履行监理职责，对事故的发生负有一定的监管责任。

建议由石家庄市建设局在全市范围内对其予以通报批评，将其不良行为在石家庄市建筑市场建立不良信用记录。

（4）石家庄××投资有限公司

对其开发建设的项目工程安全生产工作整体协调、管理不到位，负有一定的管理责任。

建议由石家庄市建设局责令石家庄××投资有限公司石家庄××项目 F1 区工程进行全面整改，并在全市范围内予以通报批评，并将其不良行为在石家庄市建筑市场建立不良信用记录。

4. 事故防范和整改措施建议

（1）要切实落实安全生产主体责任，深刻汲取事故教训，牢固树立"安全第一、预防为主、综合治理"的思想，加强社会责任感。企业主要负责人要认真履行安全生产第一责任人的责任，特别是××有限公司法定代表人黄××、上海××建设管理咨询有限公司法定代表人张××作为公司安全生产工作第一责任人要全面加强安全管理，建立健全安全管理体系，认真履行安全生产管理职责，严防此类事故的再次发生。

（2）山东××建筑安装劳务有限公司要在全公司范围内全面检查，开展安全生产整顿，分析事故原因，查找存在的问题，制订相应整改措施，预防各类事故发生。主要负责人和安全管理人员应重新参加安全生产教育和培训。

（3）山东××建筑安装劳务有限公司要加强对从业人员的安全生产教育和培训，未经安全生产教育培训合格的从业人员不得上岗作业。

（4）山东××建筑安装劳务有限公司要进一步建立健全安全生产责任制度、管理制度和岗位操作规程，并根据工程特点制订严密的安全施工措施，对所承担的建设施工项目进行定期和专项检查，加强施工现场的监督检查。

（5）××有限公司要切实加强对分包单位的安全生产工作的统一协调、管理，严格对分包单位从业人员的教育和培训，认真履行好总承包单位的安全生产管理职责。

（6）上海××建设管理咨询有限公司要认真汲取事故教训，按相关规定履行好监理职责。

（7）石家庄××投资有限公司要对其开发建设的项目工程安全生产工作进行整体协调、管理，全面做好安全生产管理工作。

案例九　××办公楼工程起重事故

1. 工程概况

工程名称：北京通州区××工程

建设单位：北京××有限公司

总包单位：××建筑工程有限公司

监理单位：××工程建设监理公司

安装单位：北京××建筑机械租赁有限公司

租赁单位：北京××建筑机械设备租赁有限公司

2. 事故简介

2014年9月25日18时20分左右，北京××建筑机械设备租赁有限公司安排安装工人马××和靳××在该工程1号楼进行施工升降机安装，马××在驾驶右笼上升过程中，整个右笼和上面三个标准节从14层坠落，马××经抢救无效死亡（图2-15、图2-16）。

图2-15　××办公楼工程起重事故现场1

图2-16　××办公楼工程起重事故现场2

3. 事故原因分析

（1）直接原因：施工升降机标准节四角连接螺栓安装不到位；

（2）间接原因：施工总承包单位安全管理不到位，未审核施工升降机安装工人特种作业资格和安装单位资质证书；安装单位未安排专业技术人员、专职安全生产管理人员进行现场监督。

4. 事故责任分析

（1）项目总包单位安全管理不到位，未按照《安装方案》及《施工现场起重机械拆装报审表》严格审查安装单位及现场实际安装人员资格。在该塔式起重机使用过程中，未及时发现和消除安装现场存在的安全隐患，导致事故发生。

（2）北京××有限公司未严格落实安全生产检查制度，没有安排专职安全员监督检查施工现场安全防护落实情况。

（3）北京××建筑机械租赁有限公司未安排专业技术人员、专职安全生产管理人员对安装作业进行现场监督，未安排技术负责人定期巡查；《建筑起重机械安全监督管理规定》第十三条："安装单位应当按照建筑起重机械安装、拆卸工程专项施工方案及安全操作规程组织安装、拆卸作业。安装单位的专业技术人员、专职安全生产管理人员应当进行现场监督，技术负责人应当定期巡查。"

5. 事故处理

（1）对××建筑工程有限公司、北京××建筑机械租赁有限公司、北京××建筑机械设备租赁有限公司进行通报批评。

（2）暂停××建筑工程有限公司在京投标资格30日，并将事故情况函告江苏省住房和城乡建设厅。

（3）依法暂扣北京××建筑机械租赁有限公司安全生产许可证30～60日，停止其扣证期间在京办理起重机械安装拆卸告知备案手续。

（4）由北京市建设工程物资协会建筑机械分会对北京××建筑机械设备租赁有限公司的资信等级进行重新核查，核查期间暂停企业资信等级。在核查中，发现企业不再符合资信等级标准的，依照有关规定暂时收回或吊销企业资信等级证书。

（5）将北京××建筑机械设备租赁有限公司的不良信用记录录入建筑起重机械备案管理系统。

6. 事故教训

这是一起由于起重设备安装操作人员无证上岗、违章作业而导致的生产安全责任事故。应从事故中吸取的教训：

（1）加强对机械设备产权单位、租赁单位、安拆单位、使用单位的管理，杜绝挂靠、超资质承揽工程、作业人员无证上岗等情况。

（2）起重机械安拆前，总承包单位应对安拆人员的资格进行审查。作业过程中，应指定专职安全生产管理人员监督检查。

7. 起重伤害事故预防措施

（1）起重作业属于危险作业，从事起重作业的人员均必须经过专业安全培训，经考试合格并取得特种作业上岗证，方可上岗作业。

（2）起重作业中，所有人员应根据现场作业条件选择安全的位置作业。在卷扬机与地滑轮之间穿越钢丝绳的区域，禁止人员停留和通行。起重吊装过程中必须设专人指挥，其他人员必须服从指挥。

（3）起重指挥人员不准兼作司索（挂钩）工，应认真观察起重作业周围环境，确保信号正确无误。

（4）起重吊物之前必须清楚物件的实际重量，不准起吊不明重量和埋在地下的物件。当重物无固定吊点时，必须按规定选择吊点并捆绑牢靠，使重物在吊运过程中保持平衡和吊点不产生移动。

（5）物料提升机（龙门架、井字架）在施工中，仅提供建筑材料、小型设备、门窗、灯具以及混凝土构件等使用，严禁载人上下，不得超载提升。吊篮内物料要摆放均匀，防止提升时重心偏移。

（6）龙门架、井字架的缆风绳必须拴在专用的地锚上，不得拴在树上、电线杆上或不符合要求的物体上，不准随意拆除。不准在运行中维修、保养，发生故障后，应立即停机拉闸断电检修，修好后方能继续运行。进料平台必须设防护门，任何人不得在平台上停留休息。

（7）外用电梯为人、货两用电梯，乘梯人员及运送物料不得超限。

（8）塔式起重机吊物前应对索具进行检查，符合要求才能使用。吊运过程中，任何人不准上、下塔式起重机，更不准作业人员随吊物上升。吊装提升前，指挥、司索和配合人员应撤离，防止吊物坠落伤人。

（9）在各种起重吊装前，要对起重设备的各种限位、保险等安全装置进行检查，确认齐全有效后方可进行起重吊装工作。

（10）塔式起重机安装与拆卸必须严格按设备说明书和安装或拆除施工技术方案和安全技术交底进行。安装与拆卸人员必须经过专业技术培训和安全培训，并经考试合格取得特种作业上岗证，方可进行操作。

（11）起重机要做到"十不吊"。

案例十　××小区起重伤害事故

2013 年 5 月 13 日 10 时左右，固安县××房地产开发有限公司××小区发生一起起重伤害事故，共造成 2 人死亡，直接经济损失 150 万元。

根据国家有关法律法规规定，固安县人民政府成立了由固安县安全生产监督管理局、监察局、公安局、总工会、住建局、固安工业园区管委会组成的固安县××小区起重伤害事故调查组（以下简称事故调查组），并邀请固安县人民检察院参加，对该事故进行了调查。

事故调查组通过现场勘察、调查取证、查阅相关资料。认定了事故原因和事故性质，提出了对有关责任人员、责任单位的处理建议和防范措施。现将有关情况报告如下。

1. 事故发生经过和事故救援情况

1）事故发生经过

5 月 13 日上午 9 时左右固安××建筑材料设备租赁有限公司负责人林××安排刘××、赵××、葛××维修××小区塔式起重机，开始维修时发现需要紧固的塔式起重机第一节和第二节螺栓因生锈无法紧固，现场带班人刘××经请示林××后决定用手砂轮切割掉旧螺母更换新螺母再紧固。

刘××和维修工葛××一起更换了塔式起重机西北角螺母后，刘××离开现场，葛××和另一名维修人员赵××继续维修。从塔式起重机东北角螺母开始进行切割，在没有更换新螺母的情况下依次切割掉了塔式起重机东北角、东南角的四个螺母。这时塔臂转动，塔身失去平衡，倒向塔基西侧21号楼大模板存放区，塔身将大模板砸倒，倾倒的大模板砸中正在大模板区工作的大模板工文××，造成文××当场死亡。塔司张××从塔式起重机操作室坠落造成重伤。

2）事故救援情况

事故发生后，施工现场工作人员立即拨打了120、110紧急电话救治伤员，并通知固安××建筑材料设备租赁有限公司负责人林××。××建设集团有限公司项目负责人也赶到现场组织抢救。张××被120救援人员送到固安县中医院救治，因抢救无效死亡，文××当场死亡。

2. 事故发生的原因和性质

1）直接原因

维修工葛××一次切割同侧两个位置的4个塔节螺栓；塔司张××未经指令启动塔式起重机，塔臂转动使塔身失去平衡，造成塔式起重机倒塌。

2）间接原因

（1）固安××建筑材料设备租赁有限公司指派无维修资格员工从事塔式起重机维修工作，维修人员缺乏必要的安全维修作业技能。

（2）××建设集团有限公司与××建筑材料设备租赁有限公司签订的《安全管理协议》内容不完善；未规定塔式起重机重点部位维修程序；现场监督人员疏于现场监督管理，没能及时发现和排除维修现场安全隐患。

3）事故性质

通过对事故原因的调查分析，认定此事故为一起生产安全责任事故。

3. 对有关责任人员和单位的处理建议

1）对企业责任人员的处理意见

（1）张××，塔式起重机塔司。

在塔式起重机维修作业时，未经指令、擅自启动塔式起重机，导致塔式起重机失稳倾倒，对事故的发生负有直接责任。

因其已在事故中死亡，建议免予追究。

（2）葛××，固安××建筑材料设备租赁有限公司维修工。

未取得特种作业操作资格证书上岗维修。在维修过程中未按安全技术交底书和维修方案所规定程序进行维修，不掌握相应的安全生产知识违规操作，对事故的发生负有直接责任。

建议由固安××建筑材料设备租赁有限公司按照公司奖惩规定给予其相应处理。

（3）杜××，××建设集团有限公司××小区项目部安全员，负责施工现场安全工作。对塔式起重机维修现场履行安全监督管理职责不到位，对事故的发生负有责任。

建议由××建设集团有限公司依照公司奖惩规定给予其相应处理。

（4）林××，固安××建筑材料设备租赁有限公司总经理，负责公司全面工作。

未严格落实企业安全生产规章制度，指派无维修资格的员工从事维修工作，对事故发生负有主要领导责任。

依据《生产安全事故报告和调查处理条例》第三十八条第一款规定，建议由固安县安全监管局对其处 2012 年年收入 30％的罚款，计人民币 7500 元的行政处罚。

2）建议给予组织处理的责任人员

梁××，中共党员，固安县住房和城乡建设局安监站副站长，负责协助站长做好行业安全监督，建筑领域起重机械的使用登记。

未有效履行安全生产监督检查职责，对××小区项目塔式起重机在未办理登记备案手续的情况下违规安装维修塔式起重机，雇佣无维修资格人员维修塔式起重机，未配备现场安全管理人员的行为监督检查不到位，对事故的发生负有责任。

依据中央纪委、中央组织部《关于对党员领导干部进行诫勉谈话和函询的暂行办法》第三条第七款的规定，建议由固安县住房和城乡建设局对其进行诫勉谈话。

3）对事故责任单位处罚建议

（1）××建设集团有限公司。

对××小区项目安全生产工作疏于管理，未能严格贯彻执行各项安全生产规章制度，未能及时发现维修人员无证违规操作，对事故的发生负有责任。

依据《生产安全事故报告和调查处理条例》第三十七条规定，建议由固安县安全监管局给予××建设集团有限公司罚款 18 万元的行政处罚。

（2）固安××建筑材料设备租赁有限公司。

雇佣无证人员从事塔式起重机维修工作，对公司员工疏于管理，未能教育员工严格遵守各项安全生产制度。

依据《生产安全事故报告和调查处理条例》第三十七条第一项的规定，建议由固安县安全监管局给予固安××建筑材料设备租赁有限公司罚款 11 万元的行政处罚。

4. 落实安全防范和整改措施的建议

为认真吸取这起起重伤害的事故教训，确保我县建筑施工安全生产，有效预防和遏制建筑施工事故的发生，针对这起事故暴露出的问题，提出如下整改措施。

1）××建筑集团有限公司

（1）切实加强建筑施工安全生产工作，建立并执行好安全生产各项规章制度，将安全生产责任落实到每个环节、每个岗位、每个职工，确保安全生产。

（2）强化施工现场的安全管理，全面排查治理安全隐患。加强对施工现场的安全管理及对施工设备、机具及其他设施设备的监督检查力度。

（3）认真抓好安全教育培训，提高从业人员的安全技能。督促企业抓好对施工一线人员、特别是新进场人员、特种作业人员和劳务分包企业人员的三级安全教育，使施工作业人员自觉遵守安全技术操作规程，杜绝违章作业。

2）固安××建筑材料设备租赁有限公司

（1）建立并执行好安全生产各项规章制度，将安全生产责任落实到每个环节、每个岗位、每个职工，确保安全生产。

（2）防止同类事故再次发生，应吸取教训，加强对机械设备的管理，增强对机械设备的日常巡回检查力度。增加对操作人员的巡查监管，规范操作维修工人日常作业行为。使各机械设备得以正常使用，保证项目机械设备的安全无事故运行。

（3）认真做好安全教育培训，定期对操作维修人员进行安全教育与设备安全使用操作规程的培训。提高从业人员的安全技能。抓好对施工一线人员、特别是安全管理人员、新进场人员、特种作业人员和机修人员的安全教育，使施工作业人员自觉遵守安全技术操作规程，杜绝违章作业和冒险行为。

3）固安县住房和城乡建设局

（1）进一步加大建筑施工安全监管力度，要认真贯彻落实《国务院关于进一步加强企业安全生产工作的通知》精神，督促工程建设各方切实落实安全生产主体责任。

（2）加强对建设工程的监督检查，严厉查处各类违法违规行为。加强对建设工程施工现场的监督检查，强化日常安全监管，严肃查处"三违"（违章指挥、违规作业、违反劳动纪律）行为；对事故易发频发的重点部位和环节，如施工现场使用的起重设备、场内专用车辆等要加大监管力度；对发现使用的不合格产品或未经检测检验的设施设备，要坚决责令清出工地或停止使用；对危险工序、工段要督促施工单位严格执行专项施工方案，要求施工技术人员、监理工程师、专职安全员必须加强现场监控和技术指导。

案例十一　××广场工程物体打击事故

2013 年 12 月 30 日凌晨 3 时 30 分左右，廊坊市××广场工程基础桩工程施工过程中，发生一起物体打击事故，造成 1 人死亡，直接经济损失 110 万元。

1. 事故经过及救援情况

1）事故经过

事故发生位置：××广场工程基槽槽底东北侧（标高约−15m）。

发生事故机械：新河 BL23 型液压步履式长螺旋钻机（以下简称打桩机）一台、小型挖掘机一台。

2013 年 12 月 30 日凌晨 1 时左右，在 CFG 桩钻孔施工过程中，夜班班组打桩机司机魏××、现场指挥员赵××、挖掘机司机苏××、工人付××4 人在打完一组 CFG 桩钻孔后准备移动打桩机向下一个施工地点继续作业。

2 点 20 分许，打桩机在移动过程中，遇偏软地面导致内陷，打桩机向右侧发生一定角度的倾斜。为加强支撑和打桩机平衡，赵××给现场技术员乔××打电话调钢板垫于打桩机南侧土质较软的部位，以便打桩机移动，乔××告知现场只有两块钢板，随后，赵××、付××和苏××驾驶挖掘机将两块钢板托运至打桩机南侧，将第一块钢板垫至桩机右后液压支腿。

凌晨 3 时 30 分左右，挖掘机向东移动计划将第二块钢板垫至右前液压支腿过程中，由于打桩机重心偏高，内陷后倾倒，砸中正在作业的挖掘机驾驶室。

2）事故救援情况

事故发生后，现场指挥员赵××马上告知现场技术员乔××调配起重机和挖掘机进行救援，随即打电话让王××拨打 120、119 救援电话。救援起重机和挖掘机赶到现场进行救援，约 3 时 50 分将挖掘机司机苏××救出，经 120 医护人员确认挖掘机司机已经死亡。

3）事故报告情况

事故发生后，现场技术员乔××立即拨打电话将事故报告给项目部生产经理齐××，齐××于30日3时33分左右接到电话报告后，随即赶往事故现场，并安排技术负责人孙××将事故电话报告给项目经理周××，周××于5时左右赶到事故现场后，于6时左右将事故电话报告给北京××建设工程有限公司和廊坊市××房地产开发有限公司。

廊坊市××房地产开发有限公司于上午8时50分将事故情况上报广阳区安监局，并于8时55分报告廊坊市安监局，市安监局接到廊坊市××房地产开发有限公司关于事故报告后，按照有关规定逐级将事故情况进行了上报。

2. 事故发生原因和性质

1）直接原因

打桩机在移动过程中，遇偏软地面导致内陷，由于打桩机重心偏高，内陷后倾倒，砸中正在作业的挖掘机驾驶室，导致挖掘机司机死亡。

2）间接原因

（1）建设单位未办理招标投标手续和建筑工程施工许可证，现场无监理单位进行监督管理。

（2）企业安全管理不到位。

施工单位安全管理意识淡薄，安全管理制度不健全，未对作业现场进行认真安全检查，无日常检查记录、施工日志，未及时发现事故现场安全隐患和作业人员违章作业，未采取有效防范措施。

（3）安全教育培训不到位。

施工单位未对作业人员进行安全教育培训，未对作业人员进行安全技术交底，致使作业人员安全防范意识不强，对作业环境存在危险性因素认识不足。

（4）监管部门监管不严。

市建设局虽然多次对廊坊市××房地产开发有限公司和北京××建设工程有限公司的违法行为下达《停工通知》，并进行了立案查处、罚款到位，但存在着未能切实使违法行为得到立即制止，违法施工未停，客观上形成了以罚代管的情况。

市城市管理综合执法局虽然对××公司下达了《停工通知》，并进行了立案查处，但××公司始终未停工，对其违法行为制止不力。

3）事故性质

经调查认定，××广场工程物体打击事故是一起迟报的生产安全责任事故。

3. 对事故有关责任人员和责任单位的处理建议

1）建议给予内部处理的人员

（1）赵××，打桩机晚班带班负责人，事故打桩机指挥人员。

未严格执行安全生产管理制度及安全技术操作规程，在打桩机发生严重倾斜的情况下，未立即采取停机撤场措施，继续违章指挥，冒险作业，对事故的发生负有直接责任。

责成北京××建设工程有限公司依照内部规定对赵××处1万元的罚款，并报廊坊市安监局备案。

（2）魏××，事故打桩机司机，负责打桩机操作工作。

未接受安全教育培训和安全技术交底直接上岗作业，安全意识淡薄；未严格执行安全操作规程，在桩机发生严重倾斜的情况下，冒险作业，违规操作，对事故的发生负有直接责任。

责成北京××建设工程有限公司依照内部规定对魏××处1万元的罚款，并报廊坊市安监局备案。

（3）丁××，事故打桩机机主，事故打桩机施工作业区负责人。

未履行安全生产管理职责，未落实打桩机作业人员的安全教育和安全技术交底工作，未能告知打桩机作业人员作业场所和工作岗位存在的危险因素和处置措施，对事故的发生负有重要责任。

责成北京××建设工程有限公司依照内部规定对丁××处1万元的罚款，并报廊坊市安监局备案。

（4）任××，北京××建设工程有限公司××广场工程桩基工程项目专职安全员。负责施工现场的安全检查和管理工作。

对施工现场安全检查不到位，未能及时发现安全隐患，未能及时制止和查处违章作业行为，对入场工人"三级教育"工作不到位，安全技术交底工作履行不到位，对事故发生负有重要责任。

责成北京××建设工程有限公司依照内部规定对任××处0.5万元的处罚，并报廊坊市安监局备案。

（5）齐××，北京××建设工程有限公司××广场工程桩基工程项目生产经理，协助项目经理负责施工现场管理工作。

未对桩基作业土质松软采取有效防范措施，且未认真督促检查作业现场安全管理工作，未开展有效的安全检查工作，未及时发现并消除安全隐患，对事故发生负主要领导责任。

责成北京××建设工程有限公司依照内部规定对齐××处1万元的罚款，并报廊坊市安监局备案。

2）建议给予行政处罚的人员

周××，北京××建设工程有限公司××广场工程基础桩工程项目经理，负责桩基施工项目全面工作。

未认真组织检查作业现场安全管理工作，未及时发现并消除安全隐患，对施工项目安全管理不到位，在此次事故中负有领导责任。

依据《生产安全事故报告和调查处理条例》第三十五条第二项的规定，由廊坊市安全生产监督管理局对其处2012年年收入40％的罚款，计1.44万元。

3）建议给予组织处理的责任人员

（1）张××，廊坊市建设局监察办公室主任。

对监管工作措施不得力，未能切实制止建设单位的违法施工行为，对事故发生负有领导责任。

由市监察局对其进行诫勉谈话。

（2）王××，廊坊市城市管理综合执法局规划执法大队大队长。

对监管工作措施不得力，未能切实制止建设单位的违法施工行为，对事故发生负有领导责任。

由市监察局对其进行诫勉谈话。

4）对事故责任单位的行政处罚建议

（1）北京××建设工程有限公司。

在未办理施工许可及工程项目施工备案、无工程监理的情况下违法进行基础工程施工；同时对作业人员安全教育培训工作落实不到位；未对作业人员进行有效的安全技术交底；未认真检查作业现场安全生产环境和条件，对作业环境存在的缺陷未能及时纠正，对作业人员冒险作业行为未能及时发现并制止，对本起事故负有责任。

依据《生产安全事故报告和调查处理条例》第三十七条第一项的规定，由廊坊市安全生产监督管理局给予12万元的罚款。

（2）廊坊市××房地产开发有限公司。

在未办理施工许可的情况下组织施工；未对建设项目进行招标投标；未委托监理单位对该工程进行监理；对存在的安全隐患未能及时发现。对本起事故负有责任。

依据《生产安全事故报告和调查处理条例》第三十七条第一项的规定，由廊坊市安全生产监督管理局给予10万元的罚款。

4. 事故防范及整改措施

（1）廊坊市××房地产开发有限公司应立即办理××广场工程项目建设施工手续，完善相关手续后派驻监理公司进行施工现场监督，切实依法认真履行监理职责，落实监理责任制度，突出安全监理作用。

（2）北京××建设工程有限公司应高度重视施工现场安全管理工作，认真汲取此次安全事故的教训，开展一次全面的安全生产检查，立即对施工现场进行停产整顿，严格落实专职安全管理人员和项目负责人的安全管理职责，彻底消除各类安全隐患。

（3）北京××建设工程有限公司要加强作业现场的安全管理，完善建筑施工安全保证体系，健全完善各项建筑施工安全生产规章制度和标准，落实安全生产"三项制度"和安全生产承诺等长效机制，强化责任落实，加大安全投入，形成安全管理刚性制度，有效推动安全保证体系建设，及时督促作业人员严格执行各种安全管理规定和操作规程。

（4）北京××建设工程有限公司进一步加强全员安全教育培训，落实工人进场"三级教育"，同时大力加强日常安全生产教育培训，认真开展施工安全技术交底工作，使每名施工人员真正了解岗位安全操作规程、相关安全规章制度和工程施工中的各类危险源，全面提升全员安全素质，坚决杜绝各类"三违"现象的发生。

（5）政府相关职能部门要认真履行安全监管职责，市建设、市城市管理综合执法等部门要进一步加强施工项目的监管，按照规定履行相关审批程序，督促企业加强作业现场安全工作，防止类似事故发生。

案例十二　××建设项目物体打击事故

2004年9月11日8时20分左右，大连××建设工地，正在进行外墙装修的高处作业吊篮，突然坠地，砸死1人，2人摔伤。

1. 事故简介

1）事故背景

大连××项目由大连××房地产开发有限公司（以下简称开发公司）开发建设。2004年7月5日大连××装饰工程有限公司（以下简称外装公司）与开发公司签订了承揽《×culmin×外装修工程》合同，同年6月开发公司将××室内F2、F3层等的内装修工程发包给了大连××建筑设计装饰工程有限公司（以下简称内装公司）。同时××公司又与大连××工程建设监理有限公司（以下简称监理公司）签订了工程监理合同。

2）事故经过

2004年9月11日早晨，外装修公司大连××项目部施工队队长罗××安排工人焦××、陈××、李××3人站在高处作业吊篮（电动爬架，以下简称吊篮）内进行外墙大理石干挂作业。

8时20分左右，吊篮一侧的提升钢丝绳突然从固定的钢卡内"抽签"，造成吊篮倾斜坠地（坠落高度约7m），吊篮内的3名作业人员也随吊篮一起坠地受伤；吊篮坠地的同时，在楼内进行室内装修作业的内装公司瓦工娄××从楼内出来，恰好路经吊篮下方，不慎被吊篮砸伤头部（没有戴安全帽），随后4人立即被送到大连友谊医院抢救和救治，娄××经抢救无效死亡。焦××、陈××轻伤留院治疗，李××经简单处置后回到单位。

2. 事故原因分析

经过调查组的现场勘察取证和询问有关人员，并依据大连理工大学工程机械研究所提交的《××外装施工高空作业吊篮坠落事故技术分析报告》等，认定造成此起伤亡事故发生的原因是由于施工设备有缺陷、现场安全管理不善等造成的生产安全责任事故，发生的具体原因如下。

1）直接原因

（1）现场所使用的吊篮存在缺陷。

外装公司在××施工现场所使用的吊篮存在没有按使用说明书进行安装，因工作钢丝绳和安全钢丝绳端固定不牢，致使钢丝绳与绳卡夹脱扣（抽签），导致吊篮一端坠地，是造成作业人员伤亡事故发生的直接原因。

（2）内装公司瓦工娄××安全意识不强。

在从楼内出来时，没有观察门外上方是否有人在作业，贸然从有人在外墙上方进行干挂大理石作业的大门出去，又违章不戴安全帽。不慎被下坠的吊篮砸到头部受伤致死，是造成此起伤亡事故发生的另一直接原因。

2）间接原因

（1）外装公司对××外装修施工现场的安全管理不善。

施工组织方案缺少吊篮使用的具体安全方案及操作规定，致使吊篮在使用时因承重钢丝绳的卡扣固定不牢，难以承载吊篮本身和吊篮上作业人员及大理石板等的重量而"抽签"，导致吊篮一端坠地。在进行外墙吊篮作业时，没有在地面设立防止其他作业人员进入危险区域的警戒措施，也没有指派专人在现场进行监护。同时，缺乏对作业现场的安全检查，对作业人员的安全教育交底和专业技能培训不够等是造成此起死亡事故发生的间接原因，也是造成此起死亡事故发生的主要原因。

（2）监理公司违反《建设工程安全生产管理条例》第十四条"工程监理单位在实施监理过程中，发现存在安全事故隐患的，应当要求施工单位整改；情况严重的，应当要求施工单位暂时停止施工，并及时报告建设单位。施工单位拒不整改或者不停止施工的，工程监理单位应当及时向有关主管部门报告"的规定，没有认真履行工程监理的职责。

在审查××公司施工方案时，发现对使用吊篮没有详细的方案和措施，虽然提出要其整改，但××公司没有拿出整改方案依然让其使用，特别是吊篮在使用中发生故障后也没有采取有效措施要求其整改，仍继续让其使用。同时，对施工现场同时进行内、外装修存在交叉作业，可能发生人员伤亡事故的危险性认识不足，没有要求外装公司在进行外墙吊篮作业时，必须在地面设立防止其他作业人员进入危险区域的警戒措施和指派专人在现场进行监护。没有及时采取措施封堵吊篮下的通道，是造成此起死亡事故发生的间接原因，也是造成此起死亡事故发生的重要原因。

（3）开发公司对多个施工单位在××进行室内外装饰装修存在交叉作业，可能发生人员伤亡事故的危险性认识不足，对施工现场缺乏组织与协调。

致使外装公司在进行外墙吊篮作业时，因地面没有设立防止其他作业人员进入危险区域的警戒措施，又没有采取封堵吊篮下通道的措施，导致吊篮坠地伤人致死，是造成此起死亡事故发生的间接原因。

（4）内装公司缺乏对施工现场的安全管理。

对作业人员的安全教育不够，使作业人员违章不戴安全帽，又盲目进入危险区域被坠落的吊篮砸伤致死，也是造成此起死亡事故发生的另一间接原因。

3. 事故责任分析和对责任者的处理意见

根据《安全生产法》、《辽宁省职工因工伤亡事故处理条例》、《建设工程安全生产管理条例》和《安全生产违法行为行政处罚办法》等法律法规的规定，按照"事故原因不查清不放过，事故责任者得不到处理不放过，整改措施不落实不放过，教训不吸取不放过"的原则，大连市安监局根据事故调查组的建议，对在此起死亡事故中负有责任的相关责任人作出了经济罚款。

4. 预防事故重复发生的措施

（1）外装公司要从此起事故中吸取教训，按《安全生产法》、《建设工程安全生产管理条例》等法律法规的规定，强化对外装修施工现场的安全管理。完善吊篮安全使用方案及操作规定的制定，确保吊篮的安全使用。在进行外墙吊篮作业时，必须在地面设立防止其他作业人员进入危险区域的警戒措施和指派专人在现场进行监护。同时，必须做好从业人员的安全教育交底和专业技能培训，杜绝此类事故的再次发生。

（2）监理公司必须按《建设工程安全生产管理条例》的规定认真履行监理单位的职责，在工程实施监理过程中，要加强对××内外装饰装修施工现场的监督管理，对施工现场存在的安全事故隐患要及时发现和纠正，避免此类事故的再次发生。

（3）开发公司要从此起事故吸取深刻教训，必须强化对××施工现场的组织与协调。提高对多个单位在进行室内外装饰装修存在交叉作业，可能发生人员伤亡事故的危险性的认识，加强对工程施工现场的管理，杜绝事故的再次发生。

（4）内装公司也要从此起事故吸取深刻教训，强化对施工现场的安全管理，做好从业人员的安全教育，特别是强化对从业人员对危险作业场所的知情权和紧急避险权的教育，杜绝此类现象的再次发生。

案例十三　××农贸市场项目部触电事故

2011年7月5日上午9时10分，内蒙古××建筑公司巴彦淖尔市××农贸市场项目部建筑工地发生一起触电伤亡事故，造成5人死亡、2人受伤。

1. 事故概述

（1）事故发生时间：2011年7月5日9时10分。

（2）事故发生单位：内蒙古××建筑有限责任公司。

（3）事故发生地点：内蒙古××建筑公司巴彦淖尔市××农贸市场项目部建筑工地。

（4）事故类别：触电。

（5）死亡人数：5人。

（6）受伤人数：2人。

（7）直接经济损失：约550万元。

2. 基本情况

1）施工单位基本情况

名称：内蒙古××建筑有限责任公司（以下简称××建筑公司）。

资质：建筑总承包叁级施工企业。

现有职工120人，其中有资质的项目经理29人，下设8个项目施工处。

该公司于2011年7月通过缴标方式承包了××农贸市场建设工程，并与建设单位内蒙古××房地产开发有限责任公司签订了施工合同，同时成立了××公司××农贸市场工程项目部，任命公司副总经理曹××为该项目部经理，技术负责人杨××，施工员王××，安全员崔××，质检员翟××，资料员吕××，材料员梁××。

公司建立了安全生产责任制度、安全生产规章制度及操作规程，但不完善，且贯彻落实不到位，公司未建立安全生产管理机构，虽配备了专职安全员，但从2011年4月份请假后再未重新配备。

公司对承包工程施工监督管理松懈，导致发包方将外墙保温工程肢解分包给不具备相应资质的个人进行施工，且公司对该工程专项施工方案也未按法律法规要求进行审批。

2）建设单位基本情况

名称：内蒙古××房地产开发有限责任公司（以下简称××开发公司）。

资质：具有叁级资质的房地产开发企业。

××农贸市场建设项目由张××等人合伙投资，2009年9月开始筹划，2010年5月办理土地手续，7月正式开工建设。

××公司授权委托安××为该项目负责人（授权委托书不规范），其直接参与工程的施工管理，并将外墙保温工程肢解分包给不具备相应资质的个人进行施工。且公司内部管理存在漏洞，在签章时未严格审核。

3）监理单位基本情况

名称：巴彦淖尔市××建设工程监理有限公司（以下简称××监理公司）。

监理工程范围及资质：为房屋建筑工程监理乙级，市政工程监理乙级。

××公司于2010年7月与××公司签订了工程监理合同，监理费为工程总造价的1%，于2010年7月进场，并组建了××农贸市场项目监理组：总监冯××，监理工程师刘××，监理员翟××。主体工程完工后，监理员减少为2名（冯××、翟××）。

监理组在实施监理过程中，虽建立了监理日志，但安全监理工作不到位，对外墙保温工程专项施工方案未按要求进行审查，且从进场到事故发生时对现场存在的问题及隐患未向施工方下达过书面整改通知书或停工令，导致存在的问题及隐患不能及时整改。

4）建设主管部门监管情况

××住建局于 2010 年 8 月 28 日填写了农贸市场建筑工程施工安全监督审查书，但审查内容不全面，且未签署具体审查意见，项目部自审意见无负责人签字。2010 年 7 月 20 日，由乌中旗住建局工程股股长李××签发，向该项目颁发了《建设工程施工许可证》。

项目开工后，旗住建局安监站于 2010 年 9 月 8 日对施工现场进行了安全检查，并下达了建筑安全整改通知书，但之后未对整改情况进行复查。到事故发生时，××住建局再无其他针对该项目的书面检查记录。

5）电业部门情况

触电线路是 1988 年由××出资建设，从海流图 110kV 变电站出线为牧民供电，主线长度 48km。由于农贸市场建设用地与该线路交叉斜穿，××电力有限责任公司（以下简称电力公司）及施工方考虑到会对安全施工造成影响，2010 年 7 月 14 日××供电局将该线路向南移位 10m。此时，农贸市场在建房南墙距离高压线中线 20.1m，电杆档距 80.07m，两边线及中线弧垂最低处距地面分别为 5.7m、6.03m，架线符合《安全工作规程》要求。

2011 年 5 月 3 日，电力公司与××公司签订了安全协议书，明确了各自的权利和义务，确保用电安全。

3. 事故发生经过和救援情况

1）事故经过

2011 年 6 月底，安××通过齐××介绍将外墙涂料工程以每平方米 60 元分包给无相应资质的个人赵××，双方未签订相关协议，齐××从中挣取了每平方米 13 元的差价（实际该工程对外承包价为每平方米 73 元）。之后赵××又将该工程轻工以每平方米 20 元分包给崔××，双方也未签订劳务协议。

2010 年 7 月 2 日下午，崔××、张××等九人跟随赵××来到××农贸市场建筑工地，当天就在市场楼外搭起了脚手架，7 月 3 日正式开始干活。7 月 5 日早晨 6 时多，崔××、张××等 7 人在南墙东侧上涂料，8 时多该处涂料完工，崔××、张××等 7 人将未拆卸的脚手架整体向南墙西侧搬迁（脚手架共四层，每层由高 1.7m 的六根套管组成，总高度 6.9m）。

由于施工现场堆放较多杂物，工人搬迁脚手架向南绕行过程中接触高压线，发生事故。接触点为脚手架最上层西南角立杆与高压线北边架空线距地面 6.64m 处。

2）事故救援过程

事故发生后，现场工人用木棒把部分触电者打离了脚手架，同时打电话通知"120"及企业、政府部门相关负责人。

随后，"120"、住建局、公安局、安监局等部门人员赶赴现场进行救援及警戒，并通知电业部门立即断电。当时"120"急救人员确认 5 人死亡，将 2 名伤者送往医院抢救，目前 2 名伤者已脱离生命危险。

4. 人员伤亡情况及直接经济损失

（1）人员伤亡情况：5 人死亡，2 人受伤。

（2）直接经济损失：约 550 万元。

5. 事故发生的原因及性质

1) 事故直接原因

工人安全意识差，安全素质低，未认真观察周边环境的情况下，盲目搬迁脚手架，导致事故的发生。

2) 事故间接原因

(1) ××建筑公司未建立安全生产管理机构，施工现场未配备专职安全管理人员，无安全检查台账记录，导致现场存在的事故隐患（如：高压线重大危险源的防控要求、施工现场长时间堆放杂物等）未能及时整改、现场工人的违章行为没有得到及时有效制止。

(2) ××公司虽建立了安全生产责任制度、规章制度及操作规程，但不完善，且贯彻落实不到位，尤其是安全培训教育工作流于形式，公司无安全培训教育档案，新工人到场后未经任何安全培训教育直接上岗作业。

(3) ××公司对承包工程施工监督管理松懈，导致发包方将外墙保温工程肢解分包给不具备相应资质的个人进行施工，且公司对该工程专项施工方案也未按法律法规要求进行审批，安全技术交底工作执行差，导致施工安全无保障。

(4) ××公司其授权委托人直接参与工程的施工管理，将外墙保温工程肢解分包给不具备相应资质的个人进行施工。且公司内部管理存在漏洞，在签章时未严格审核。

(5) ××公司安全监理工作不到位，对外墙保温工程专项施工方案未按要求进行审查，且从进场到事故发生时对现场存在的问题及隐患未向施工方下达过书面整改通知书或停工令，导致存在的问题及隐患不能及时整改。

(6) ××住建局对该项目施工安全监督审查不严，审批程序混乱，《建设工程施工许可证》颁发 39 天后，才填写了建筑工程施工安全监督审查书，且日常监管工作不到位，导致施工现场存在的问题及隐患不能及时整改。

(7) ××人民政府对本行政区域内安全生产工作领导、督促力度不够。

3) 事故性质

根据事故原因分析，调查组认定这是一起责任事故。

6. 事故责任划分及处理意见

1) 对事故单位的责任认定及处理意见

(1) ××建筑公司。

未按相关规定履行建筑安全职责，未建立安全生产管理机构，未配备必要的专职安全管理人员。没有认真落实员工安全培训教育工作，安全检查不到位。公司对承包工程施工监督管理松懈，导致发包方将外墙保温工程肢解分包给不具备相应资质的个人进行施工，且公司对该工程专项施工方案也未按法律法规要求进行审批，是该起事故发生的主体责任单位。

建议建设部门吊销其《安全生产许可证》，并依据《建设工程安全生产管理条例》第六十五条第一款第四项的规定，吊销其施工资质证书，建议依据《生产安全事故报告和调查处理条例》第三十七条第一款第二项的规定，对其处以 30 万元的罚款。

(2) ××开发公司。

其授权委托人直接参与工程的施工管理，将外墙保温工程肢解分包给不具备相应资质的个人进行施工，且内部管理存在漏洞，是该起事故发生的责任单位。

建议建设部门降低其房地产开发资质等级，建议依据《生产安全事故报告和调查处理条例》第三十七条第一款第二项的规定，对其处以 28 万元的罚款。

（3）××监理公司。

在实施监理过程中没有全面履行其法定职责，安全监理工作不到位，对外墙保温工程专项施工方案未按要求进行审查，且从进场到事故发生时对现场存在的问题及隐患未向施工方下达过书面整改通知书或停工令，导致存在的问题及隐患不能及时整改，是该起事故发生的责任单位。

建议建设部门依据《建设工程安全生产管理条例》第五十七条第一款第一、二项的规定，吊销其建筑工程监理乙级资质，建议依据《生产安全事故报告和调查处理条例》第三十七条第一款第二项的规定，对其处以 28 万元的罚款。

（4）乌中旗住建局。

对本行政区域内的建设工程安全生产监督管理不到位，施工安全监督审查不严，日常监管工作力度不够，也是该起事故发生的责任单位。

建议对其在全旗范围内通报批评，并向旗政府及市安委会作出书面检查。

（5）乌中旗人民政府。

对本行政区域内安全生产工作领导、督促力度不够，对事故发生负有一定责任。

建议在全市范围内予以通报批评。

2）对事故相关人员的责任认定及处理意见

（1）崔××等 7 人。

搬迁脚手架时，未认真观察周边环境，安全意识差，安全素质低，盲目作业，对该起事故的发生负直接责任。

因以上人员在该起事故中既是责任者又是受害者，故免于追究。

（2）王××，××建筑公司法人、总经理。

未认真履行其法定职责，公司部分安全生产责任制度、规章制度及操作规程不健全、不完善，对安全生产工作督查、检查不到位，对承包工程施工监督管理松懈，导致发包方将外墙保温工程肢解分包给不具备相应资质的个人进行施工，对该起事故的发生应负全面领导责任。

建议依据《安全生产法》第八十一条第二款的规定，对其处以 10 万元的罚款。

（3）曹××，××建筑公司副总经理兼农贸市场项目部经理。

未认真履行其法定职责，公司部分安全生产责任制度、规章制度及操作规程贯彻落实不到位，且对外墙保温工程专项施工方案未审批，对该起事故的发生负直接领导责任。

建议建设部门撤销其建造师资质证书，建议依据《安全生产法》第八十一条第二款的规定，对其处以 6 万元的罚款。

（4）张××，××建筑公司法人。

没有认真履行其职责，对公司授权委托人监督管理不力，导致其将外墙保温工程肢解分包给不具备相应资质的个人进行施工，且公司内部管理存在漏洞，对该起事故的发生负重要领导责任。

建议依据《安全生产法》第八十一条第二款的规定，对其处以 8 万元的罚款。

（5）安××，××开发公司授权委托人。

直接参与工程的施工管理，并将外墙保温工程肢解分包给不具备相应资质的个人进行施工，导致施工安全无保障，对该起事故的发生应负主要责任。

建议司法机关立案调查。

（6）张××，××监理公司总经理。

没有认真履行其职责，对公司派驻××农贸市场项目监理人员监督管理不力，导致现场存在的问题及隐患不能及时整改，且对外墙保温专项施工方案未按要求进行审查，对该起事故的发生负重要领导责任。

建议依据《安全生产法》第八十一条第二款的规定，对其处以8万元的罚款。

（7）冯××，××监理公司××农贸市场项目总监。

安全监理工作不到位，对外墙保温专项施工方案未按要求进行审查，且从进场到事故发生时对现场存在的问题及隐患未向施工方下达过书面整改通知书或停工令，导致存在的问题及隐患不能及时整改，对该起事故的发生应负重要责任。

建议建设部门撤销其个人监理资质证书，且在五年内不得注册。

（8）杨××，农贸市场建筑工地技术负责人。

未认真履行其法定职责，对有关安全施工的技术要求未向施工作业班组、现场作业人员作出详细说明，安全技术交底工作执行差，对该起事故的发生应负一定的领导责任。

建议建设主管部门责令其在三年内不得担任建筑工地技术负责人一职。

（9）李××，乌中旗住建局工程股股长。

对该项目施工安全监督审查不严，且在未填写审查书的情况下就颁发了《建设工程施工许可证》，工作不严谨，对该起事故的发生应负直接监管责任。

建议监察部门依据《安全生产领域违法违纪行为政纪处分暂行规定》第五条第一款第五项之规定，给予行政记大过处分。

（10）单××，乌中旗住建局安监站站长。

对该项目日常安全监督检查不到位，导致施工现场存在的问题及隐患不能及时整改，对该起事故应负直接监管责任。

建议监察部门依据《安全生产领域违法违纪行为政纪处分暂行规定》第八条第一款第五项之规定，给予行政记大过处分。

（11）贾××，乌中旗住建局副局长，分管工程股、安监站工作。

对该项目相关工作重视程度不够，工作力度不大，对该起事故发生应负监管方面的直接领导责任。

建议监察部门依据《安全生产领域违法违纪行为政纪处分暂行规定》第八条第一款第五项之规定，给予行政记过处分。

（12）王××，乌中旗住建局局长，主管全盘工作。

对建设工程安全生产工作重视程度不够，对局机关工作人员工作情况监督检查不严，对该起事故发生应负监管方面的全面领导责任。

建议监察部门依据《安全生产领域违法违纪行为政纪处分暂行规定》第八条第一款第五项之规定，给予行政记过处分。

（13）张××，乌中旗政府副旗长，分管城建工作。

对分管行业安全生产工作领导、督促力度不够，对事故的发生负有一定领导责任。

鉴于其刚分管该项工作仅有月余，正在熟悉相关业务，故建议其向市安委会作出书面检查。

7. 防范措施

该起事故的发生，充分暴露了我市建筑行业安全生产管理存在不少问题，为此，事故调查小组提出以下防范措施。

（1）进一步加大《安全生产法》、《建筑法》、《建设工程安全生产管理条例》等法律法规的宣传、执法力度，严厉打击非法违法建设施工行为和工人"三违"行为。

（2）进一步加强建筑行业安全生产管理，严格落实建设、设计、施工、监理各方职责。

（3）设立安全生产管理机构，配备必要的安全生产管理人员，并认真进行现场安全监督检查。

（4）加大施工现场管理力度，严厉打击违法分包及转包行为，严禁将工程肢解分包。

（5）严格落实各项安全生产责任制度、规章制度及操作规程，认真开展安全培训教育工作，确保特种作业人员持证上岗，确保能够真正提高工人的安全意识。

（6）认真制订相关安全技术措施或专项施工方案，严格履行法定的审查、审批手续。

（7）加强对建设工程招标投标管理，依法履行建设工程安全监督备案手续。

案例十四　××地铁机械伤害事故

2014年1月18日，××地铁工程延安三路站施工工地在车辆维修过程中发生一起机械伤害事故，致1人死亡。

1. 事故发生经过和救援情况

2014年1月18日上午，在××地铁工程一期工程（3号线）土建03标延安三路站1号井内，9号自卸车司机杨××在早上6点半接班后拉第三车渣土的时候，发现9号自卸车液压系统失灵，无法将车斗升起，上午9点左右，杨××找到延安三路站维修班班长李××，向他说了自卸车的情况。

李××说今天负责1号井机械维修的是维修工何××，他已经把何××派到井下维修机械去了，让杨××进井的时候跟何××说一下就行了。杨××下到井下第二层的时候碰到了修理工何××，就叫上他去修车。两人一块来到井下三层自卸车处，何××躺到车下面修了几分钟后，便让杨××把车开到井口试一下车辆是否好用，9点40分左右杨××将自卸车发动试了一下发现车斗还是升不起来，何××跟杨××说他要在车底下用手扳液压控制阀让杨××给他踩油门，何××就趴到车底下扳控制阀并喊杨××踩油门，杨××听从何××的指挥踩油门，车斗这时候升起了三分之一行程，大约有1m的高度。何××就从车下面爬了出来，把头伸进大梁和升起的车斗之间准备继续维修。杨××跟他说车上装满渣土太危险，等把渣卸了再修。何××说没事，说完这个话有一两秒钟车斗就突然落下把何××的头部和上半身夹住了，胡××、张××和杨××去抬车斗，发现抬不起来就赶快喊人，这时候胡××等人还听到何××在车下痛苦地呻吟了几声，随后再没有发出动静。井下作业人员听到胡××等人的呼救声赶到现场进行救援，最多时事故现场聚集了有20余人但是还是抬不起车斗，直到行吊放下钩子下来把车斗吊起来，才把何××抬出来了。

这时项目部管理人员已经赶到现场，11点左右项目部书记高××拨打湛山派出所电话对发生事故情况进行了报告，随后施工人员将何××运回到了地面，用工地的面包车将何××送到四零一医院进行抢救，经抢救无效于2014年1月18日11点50分死亡，死亡原因为头胸部创伤性休克。确定何××死亡后，高林再次拨打湛山派出所电话告知伤者已经死亡，公安机关对何××进行了初步检验并对事故现场进行了勘验，确定该起事故非刑事案件。

下午14点左右，项目部经理王××自称为便于善后工作进行和节省殡葬费用，在征得医院的同意后，安排项目部车辆将何××送到了胶州市殡仪馆并通知死者家属，随后高××带了几名处理善后工作的人员也赶到了胶州。公安机关对现场相关人员作了询问笔录后，报告市南区政府值班室延安三路交香港路地铁工地发生亡人事故，16点50分左右，区政府值班室将信息转给市南区安全生产监督管理局值班人员，市南区安全生产监督管理局接到事故发生信息后立即安排人员赶往事故现场进行落实，并上报××市安全生产监督管理局。

安监执法人员到达××地铁一期工程（3号线）土建03标项目部对其安全副总监李××进行询问时，李××表示并不知情，直到其项目部经理王××回到项目部接受执法人员问询时方承认确有事故发生，而此时距离何××死亡已经过了近7个小时。经过对事故过程简单询问后，1月18日晚上19点左右，××地铁一期工程（3号线）土建03标项目部经理王××将事故情况分别上报××集团安全管理部门和青岛地下铁道公司。当天晚上由公安机关对王××作了控制，督促其配合事故调查处理工作。

2. 事故造成的人员伤亡和经济损失情况

本次事故造成1人死亡，直接经济损失约人民币65万元。

3. 事故发生原因及性质

调查组经过现场勘察和调查分析，认定该起事故是一起因违章作业导致的一般生产安全责任事故。

1）直接原因

何××在对自卸车辆进行维修的过程中，未能遵守中国中铁集团制定并下发到维修班的《机修工安全操作规程》第二条第三项规定："不准在悬空举起的机件下面，如推土机斗下、翻斗车举起的车身下、平地机架下、拌合机的斗下进行修理作业。在上面情况下进行维修工作时，必须把机械放在平地上，停止发动机运转，刹住制动器，悬挂部分下面用千斤顶顶住或垫稳木块增强保险"的要求，在未将升起的满载车斗支撑牢固的情况下，将头及上胸探入不能保证安全的满载车斗下方，导致车斗下落后压上头胸部。何××违章作业是导致事故发生的直接原因。

2）间接原因

（1）××集团有限公司××分公司，作为××地铁一期工程（3号线）土建03标项目部的直接管理单位，对项目部安全监管不到位，导致××地铁一期工程（3号线）土建03标项目部存在现场施工的安全管理不到位，未能严格教育、督促从业人员严格执行本单位的安全生产规章制度和安全操作规程。

（2）四川××建设监理有限公司，作为该工程的监理单位未依法履行安全监理职责，未及时发现并制止违章作业。

4. 事故责任的认定以及对事故责任者的处理建议

1）事故责任认定

（1）何××

在维修车辆的过程中，未能做好满载车斗升降后的支护工作便盲目进入车斗下方进行修理，违反了中国中铁《机修工安全操作规程》，以上行为违反了《安全生产法》第四十九条"从业人员在作业过程中，应当严格遵守本单位的安全生产规章制度和操作规程，服从管理，正确佩戴和使用劳动防护用品"的规定。认定何××对事故发生负直接责任。

（2）××集团有限公司××分公司

存在未能严格教育、督促从业人员严格执行本单位的安全生产规章制度和安全操作规程的行为。以上行为违反了《安全生产法》第三十六条"生产经营单位应当教育和督促从业人员严格执行本单位的安全生产规章制度和安全操作规程；并向从业人员如实告知作业场所和工作岗位存在的危险因素、防范措施以及事故应急措施"的规定，留下了生产安全事故隐患，为事故的发生提供了条件，与事故发生具有因果关系。认定××集团有限公司××分公司对事故的发生负主要责任。

（3）王××、高××

在接到事故报告后，未能按照《生产安全事故报告和调查处理条例》（国务院第493号令）的规定于1h内向事故发生地县级以上人民政府安全生产监督管理部门和负有安全生产监督管理职责的有关部门报告；何××在1月18日上午11点50分宣告抢救无效死亡，王××、高××在得知何××死亡，事故已经构成一般生产安全事故的前提下，仅向当地派出所进行报告，未向当地安监部门以及主管部门报告，直到安监执法人员根据公安机关给予的线索进行事故调查处理时方才承认发生事故，1月18日下午19点左右才向××集团有限公司××分公司、××集团有限公司、四川××建设监理有限公司、××地下铁道公司进行了报告。以上行为违反《生产安全事故报告和调查处理条例》（国务院第493号令）第九条第一款"事故发生后，事故现场有关人员应当立即向本单位负责人报告；单位负责人接到报告后，应当于1h内向事故发生地县级以上人民政府安全生产监督管理部门和负有安全生产监督管理职责的有关部门报告"的规定。

王××、高××作为项目部的党政负责人，在得知事故发生后仅向当地派出所进行了报告，在其后7个小时内并未向当地安监部门、地铁施工行政主管部门、施工监理单位、××地下铁道公司以及××集团有限公司××分公司报告事故情况，并将死者何××送至胶州市殡仪馆，以上情节已经构成了迟报事故，认定王××、高××迟报事故。

（4）四川××建设监理有限公司

存在未依法履行安全监理职责、未及时发现并制止违章作业的行为，认定该公司对事故发生负监理责任。

2）处理建议

（1）××集团有限公司××分公司

依据《生产安全事故报告和调查处理条例》（国务院第493号令）第三十七条第一款第（一）项"事故发生单位对事故发生负有责任的，依照下列规定处以罚款：（一）发生一般事故的，处10万元以上20万元以下的罚款"的规定。

建议由区安全生产监督管理局给予事故发生单位罚款人民币壹拾陆万元（160000元）

整的行政处罚。

（2）王××、高××

依据《生产安全事故报告和调查处理条例》（国务院第 493 号令）第三十五条第一款第二项"事故发生单位主要负责人有下列行为之一的，处上一年年收入 40％至 80％的罚款；属于国家工作人员的，并依法给予处分；构成犯罪的，依法追究刑事责任：（二）迟报或者漏报事故的"；《〈生产安全事故报告和调查处理条例〉罚款处罚暂行规定》第十一条第二项"事故发生单位主要负责人有《条例》第三十五条规定的行为之一的，依照下列规定处以罚款：（二）事故发生单位主要负责人迟报或者漏报事故的，处上一年年收入 40％至 60％的罚款"的规定。

建议由区安全生产监督管理局给予事故责任人王××罚款人民币叁万贰仟元（32000元）整的行政处罚；给予事故责任人高××罚款人民币叁万元（30000 元）整的行政处罚。

（3）四川××建设监理有限公司

作为该工程的监理单位未依法履行安全监理职责，未及时发现并制止违章作业，对事故发生负有监理责任。

建议由市政工程建设行政主管部门依法给予行政处罚。

（4）鉴于何××在事故中死亡，不再追究其责任

5. 事故防范和整改措施

（1）××地铁有关建设部门应认真履行安全生产管理职责，在紧抓施工质量、进度的同时，加强安全监督管理，切实督促企业落实安全生产主体责任，督促企业加强对从业人员的安全教育力度，防止此类违法行为的发生。

（2）地铁各施工单位应认真吸取本次事故的教训，认真组织公司有关人员全面分析造成本次事故的原因，全面排查工程施工安全管理情况，加强安全巡检力度，规范工人安全文明施工，加强对从业人员的安全教育培训，落实各级安全生产责任制，对违章作业、冒险作业等行为要坚决予以制止，切实强化现场的安全管理，坚决杜绝类似事故和违法行为的再次发生。

（3）地铁各监理单位应认真履行安全管理职责，举一反三，加强现场安全监理，及时发现并消除安全隐患。

（4）地铁各监管部门应当加强安全监督管理工作，督促各施工及监理单位尽到各自的安全管理职责，落实企业主体责任。对各施工单位主要负责人及安全管理人员依法培训和持证上岗情况进行监督，确保安全管理人员具备与所从事的生产经营活动相适应的安全生产知识和管理能力。

案例十五　　××水库输水管线工程中毒事故

2005 年 12 月 16 日零时，哈尔滨市××水库输水管线工程三标段，发生一起重大一氧化碳中毒责任事故，死亡 3 人，直接经济损失 58 万元。

1. 工程概况

（1）工程名称：哈尔滨市××水库输水管线工程三标段，建设规模 15.78km。

（2）工程地点：五常市××镇。

（3）开工手续：2004年1月13日，该工程经省发改委批准开工，2004年4月20日开工建设，计划2006年6月30日完工。

（4）建设单位：哈尔滨市供水工程有限责任公司。

（5）设计单位：具有甲级资质的中国市政工程××设计研究院。

（6）工程监理单位：具有甲级资质的大连××工程建设监理公司。

（7）施工单位：具有管道工程一级资质的北京市××安装工程公司。

2004年5月，北京市××安装工程公司成立了哈尔滨市××水库输水管线工程项目经理部（以下简称北京市××安装工程公司哈尔滨项目部）。2005年11月11日，该项目部与农民工负责人齐××签订劳务协议，将哈尔滨市××水库输水管线工程三标段发包给其施工。

2. 事故经过

12月15日晚，5名农民工在哈尔滨市××水库输水管线工程三标段工地夜间看护设备材料时，因天气寒冷，使用工地的材料搭设简易塑料棚临时休息，5人自行分为两班进行巡护，上半夜2人在外巡护，其余3人在棚内休息。

22点30分，农民工范××将施工现场使用的已点燃的炭火炉移入棚内取暖。16日零时左右，在外面巡护的2人进入棚内换班时，发现棚内3人昏迷不醒，立即报告施工队负责人齐××，齐××当即拨打120急救电话，同时向当地派出所报案，3名中毒人员经××镇卫生院医务人员现场抢救无效死亡。

接到事故报告后，省安全监管局、省建设厅、省总工会和哈尔滨市有关部门以及五常市有关部门同志于17日上午相继赶到事故现场，召开紧急会议，听取施工单位事故情况汇报，对抢险和善后工作进行部署，成立了省市联合事故调查处理领导小组，下设事故责任调查组、技术鉴定组、综合组和善后处理组，并立即开展工作。

建设和施工单位按照省市联合事故调查处理领导小组的要求，积极做好事故善后及家属安抚工作，根据国家和省市有关政策与遇难者家属签订抚恤协议，分别赔付每名死者15万元，3名遇难者尸体于12月19日全部火化，善后处理工作顺利结束。

3. 事故类别和性质

根据现场勘察和调查取证，认定这是一起重大一氧化碳中毒责任事故。

4. 事故原因

1）直接原因

农民工自行搭设塑料棚休息，并将点燃的炭火炉移入通风不畅的棚内，炭火炉中的炭棒燃烧产生一氧化碳在棚内积聚，造成棚内3名看护人员中毒死亡。

2）间接原因

施工单位北京市××安装工程公司哈尔滨项目部未能履行安全生产管理职责，安全生产责任不落实，施工现场安全管理不到位。没有对农民工进行安全培训。冬期施工方案不完善，未给夜间看护人员提供避风御寒设施，致使看护人员擅自搭设临时塑料棚并使用炭火炉取暖。

5. 相关责任人处理

1）范××，农民工

擅自搭设塑料棚，并将点燃的炭火炉移入通风不畅的棚内，致使炭棒燃烧产生一氧化碳在棚内积聚，导致 3 名夜间看护人员一氧化碳中毒死亡，是这起事故的直接责任者。

鉴于其在事故中死亡，免予追究责任。

2）齐××，农民工负责人

未给夜间看护人员提供必要的避风御寒设施，没有对农民工进行安全培训，夜间巡护管理不到位，对这起事故的发生负有主要责任。

建议施工单位与其解除协议并将其清理出施工现场；依据《黑龙江省劳动安全条例》第三十九条第（二）项规定，建议由省安全监管部门给予 1500 元罚款。

3）王××：北京市××安装工程公司哈尔滨项目部安全科长

负责该项目施工现场安全工作，未对农民工进行安全培训教育，安全检查不到位，对这起事故的发生在安全管理方面负有重要责任。

建议给予行政撤职处分；依据《黑龙江省劳动安全条例》第三十九条第（二）项规定，建议由省安全监管部门给予 1500 元罚款。

4）黄××，北京市××安装工程公司哈尔滨项目部副经理

负责该项目施工现场生产和安全工作，未对农民工进行安全培训教育，安全检查不到位，没有给夜间看护人员增设御寒设施，对这起事故的发生在管理方面负有直接领导责任。

建议给予行政记大过处分；依据《黑龙江省劳动安全条例》第三十九条第（二）项规定，建议省安全监管部门给予 1500 元罚款。

5）陈××，北京市××安装工程公司哈尔滨项目部经理

是该项目安全生产责任人，未能认真履行安全生产管理职责，对这起事故的发生在管理方面负有重要领导责任。

建议由建设行政主管部门给予吊销项目经理资质证书。

6）冯××，北京市××安装工程公司法定代表人

是该公司安全生产工作第一责任人，未履行安全生产管理职责，对外埠施工管理不力，对这起事故的发生在安全管理方面负有主要领导责任。

建议由省安全监管部门依据《安全生产法》第八十一条规定给予 10 万元罚款。

6. 事故教训及防范措施

（1）北京市××安装工程公司哈尔滨项目部要增强企业负责人和安全管理人员安全生产法律意识，认真贯彻执行安全生产法律法规、作业标准和操作规程。加强施工现场管理，完善冬期施工方案，制订切实可行的安全技术措施。加强对工程分发包单位和作业人员的资质审查，清除无资质的施工队伍和作业人员。要加强对农民工的安全教育，增强农民工安全意识和自我保护能力，坚决杜绝违章指挥、违章作业和违反劳动纪律的行为，防止类似事故的发生。

（2）哈尔滨市供水工程有限责任公司要按照有关法律法规要求，认真履行建设单位职责，加强对哈尔滨市××水库供水工程的安全管理。加大对建设工程的安全检查力度，及时消除各类安全隐患。对施工单位二次分包的单位资质要进行一次全面清理审查，对无相应资质的单位要清出施工现场，对具备资质的单位要防止出现以包代管的问题。

（3）哈尔滨市人民政府及有关部门要按照安全生产属地管理原则，加强对辖区内重点建设工程的安全监管，防止重点建设工程安全监管失管失控，加大对建设工程安全监管力度，及时消除各类事故隐患，确保建设工程生产安全。

附录 相关法律法规

附录1 中华人民共和国安全生产法

（2014年修正）

第一章 总 则

第一条 为了加强安全生产工作，防止和减少生产安全事故，保障人民群众生命和财产安全，促进经济社会持续健康发展，制定本法。

第二条 在中华人民共和国领域内从事生产经营活动的单位（以下统称生产经营单位）的安全生产，适用本法；有关法律、行政法规对消防安全和道路交通安全、铁路交通安全、水上交通安全、民用航空安全以及核与辐射安全、特种设备安全另有规定的，适用其规定。

第三条 安全生产工作应当以人为本，坚持安全发展，坚持安全第一、预防为主、综合治理的方针，强化和落实生产经营单位的主体责任，建立生产经营单位负责、职工参与、政府监管、行业自律和社会监督的机制。

第四条 生产经营单位必须遵守本法和其他有关安全生产的法律、法规，加强安全生产管理，建立、健全安全生产责任制和安全生产规章制度，改善安全生产条件，推进安全生产标准化建设，提高安全生产水平，确保安全生产。

第五条 生产经营单位的主要负责人对本单位的安全生产工作全面负责。

第六条 生产经营单位的从业人员有依法获得安全生产保障的权利，并应当依法履行安全生产方面的义务。

第七条 工会依法对安全生产工作进行监督。

生产经营单位的工会依法组织职工参加本单位安全生产工作的民主管理和民主监督，维护职工在安全生产方面的合法权益。生产经营单位制定或者修改有关安全生产的规章制度，应当听取工会的意见。

第八条 国务院和县级以上地方各级人民政府应当根据国民经济和社会发展规划制定安全生产规划，并组织实施。安全生产规划应当与城乡规划相衔接。

国务院和县级以上地方各级人民政府应当加强对安全生产工作的领导，支持、督促各有关部门依法履行安全生产监督管理职责，建立健全安全生产工作协调机制，及时协调、解决安全生产监督管理中存在的重大问题。

乡、镇人民政府以及街道办事处、开发区管理机构等地方人民政府的派出机关应当按照职责，加强对本行政区域内生产经营单位安全生产状况的监督检查，协助上级人民政府有关部门依法履行安全生产监督管理职责。

第九条　国务院安全生产监督管理部门依照本法,对全国安全生产工作实施综合监督管理;县级以上地方各级人民政府安全生产监督管理部门依照本法,对本行政区域内安全生产工作实施综合监督管理。

国务院有关部门依照本法和其他有关法律、行政法规的规定,在各自的职责范围内对有关行业、领域的安全生产工作实施监督管理;县级以上地方各级人民政府有关部门依照本法和其他有关法律、法规的规定,在各自的职责范围内对有关行业、领域的安全生产工作实施监督管理。

安全生产监督管理部门和对有关行业、领域的安全生产工作实施监督管理的部门,统称负有安全生产监督管理职责的部门。

第十条　国务院有关部门应当按照保障安全生产的要求,依法及时制定有关的国家标准或者行业标准,并根据科技进步和经济发展适时修订。

生产经营单位必须执行依法制定的保障安全生产的国家标准或者行业标准。

第十一条　各级人民政府及其有关部门应当采取多种形式,加强对有关安全生产的法律、法规和安全生产知识的宣传,增强全社会的安全生产意识。

第十二条　有关协会组织依照法律、行政法规和章程,为生产经营单位提供安全生产方面的信息、培训等服务,发挥自律作用,促进生产经营单位加强安全生产管理。

第十三条　依法设立的为安全生产提供技术、管理服务的机构,依照法律、行政法规和执业准则,接受生产经营单位的委托为其安全生产工作提供技术、管理服务。

生产经营单位委托前款规定的机构提供安全生产技术、管理服务的,保证安全生产的责任仍由本单位负责。

第十四条　国家实行生产安全事故责任追究制度,依照本法和有关法律、法规的规定,追究生产安全事故责任人员的法律责任。

第十五条　国家鼓励和支持安全生产科学技术研究和安全生产先进技术的推广应用,提高安全生产水平。

第十六条　国家对在改善安全生产条件、防止生产安全事故、参加抢险救护等方面取得显著成绩的单位和个人,给予奖励。

第二章　生产经营单位的安全生产保障

第十七条　生产经营单位应当具备本法和有关法律、行政法规和国家标准或者行业标准规定的安全生产条件;不具备安全生产条件的,不得从事生产经营活动。

第十八条　生产经营单位的主要负责人对本单位安全生产工作负有下列职责:

(一)建立、健全本单位安全生产责任制;

(二)组织制定本单位安全生产规章制度和操作规程;

(三)保证本单位安全生产投入的有效实施;

(四)督促、检查本单位的安全生产工作,及时消除生产安全事故隐患;

(五)组织制定并实施本单位的生产安全事故应急救援预案;

(六)及时、如实报告生产安全事故。

(七)组织制定并实施本单位安全生产教育和培训计划。

第十九条　生产经营单位的安全生产责任制应当明确各岗位的责任人员、责任范围和考核标准等内容。

生产经营单位应当建立相应的机制，加强对安全生产责任制落实情况的监督考核，保证安全生产责任制的落实。

第二十条   生产经营单位应当具备的安全生产条件所必需的资金投入，由生产经营单位的决策机构、主要负责人或者个人经营的投资人予以保证，并对由于安全生产所必需的资金投入不足导致的后果承担责任。

有关生产经营单位应当按照规定提取和使用安全生产费用，专门用于改善安全生产条件。安全生产费用在成本中据实列支。安全生产费用提取、使用和监督管理的具体办法由国务院财政部门会同国务院安全生产监督管理部门征求国务院有关部门意见后制定。

第二十一条   矿山、金属冶炼、建筑施工、道路运输单位和危险物品的生产、经营、储存单位，应当设置安全生产管理机构或者配备专职安全生产管理人员。

前款规定以外的其他生产经营单位，从业人员超过一百人的，应当设置安全生产管理机构或者配备专职安全生产管理人员；从业人员在一百人以下的，应当配备专职或者兼职的安全生产管理人员。

第二十二条   生产经营单位的安全生产管理机构以及安全生产管理人员履行下列职责：

（一）组织或者参与拟订本单位安全生产规章制度、操作规程和生产安全事故应急救援预案；

（二）组织或者参与本单位安全生产教育和培训，如实记录安全生产教育和培训情况；

（三）督促落实本单位重大危险源的安全管理措施；

（四）组织或者参与本单位应急救援演练；

（五）检查本单位的安全生产状况，及时排查生产安全事故隐患，提出改进安全生产管理的建议；

（六）制止和纠正违章指挥、强令冒险作业、违反操作规程的行为；

（七）督促落实本单位安全生产整改措施。

第二十三条   生产经营单位的安全生产管理机构以及安全生产管理人员应当恪尽职守，依法履行职责。

生产经营单位作出涉及安全生产的经营决策，应当听取安全生产管理机构以及安全生产管理人员的意见。

生产经营单位不得因安全生产管理人员依法履行职责而降低其工资、福利等待遇或者解除与其订立的劳动合同。

危险物品的生产、储存单位以及矿山、金属冶炼单位的安全生产管理人员的任免，应当告知主管的负有安全生产监督管理职责的部门。

第二十四条   生产经营单位的主要负责人和安全生产管理人员必须具备与本单位所从事的生产经营活动相应的安全生产知识和管理能力。

危险物品的生产、经营、储存单位以及矿山、金属冶炼、建筑施工、道路运输单位的主要负责人和安全生产管理人员，应当由主管的负有安全生产监督管理职责的部门对其安全生产知识和管理能力考核合格。考核不得收费。

危险物品的生产、储存单位以及矿山、金属冶炼单位应当有注册安全工程师从事安全生产管理工作。鼓励其他生产经营单位聘用注册安全工程师从事安全生产管理工作。注册安全工程师按专业分类管理，具体办法由国务院人力资源和社会保障部门、国务院安全生产监督管理部门会同国务院有关部门制定。

第二十五条　生产经营单位应当对从业人员进行安全生产教育和培训，保证从业人员具备必要的安全生产知识，熟悉有关的安全生产规章制度和安全操作规程，掌握本岗位的安全操作技能，了解事故应急处理措施，知悉自身在安全生产方面的权利和义务。未经安全生产教育和培训合格的从业人员，不得上岗作业。

生产经营单位使用被派遣劳动者的，应当将被派遣劳动者纳入本单位从业人员统一管理，对被派遣劳动者进行岗位安全操作规程和安全操作技能的教育和培训。劳务派遣单位应当对被派遣劳动者进行必要的安全生产教育和培训。

生产经营单位应当建立安全生产教育和培训档案，如实记录安全生产教育和培训的时间、内容、参加人员以及考核结果等情况。

第二十六条　生产经营单位采用新工艺、新技术、新材料或者使用新设备，必须了解、掌握其安全技术特性，采取有效的安全防护措施，并对从业人员进行专门的安全生产教育和培训。

第二十七条　生产经营单位的特种作业人员必须按照国家有关规定经专门的安全作业培训，取得相应资格，方可上岗作业。

特种作业人员的范围由国务院安全生产监督管理部门会同国务院有关部门确定。

第二十八条　生产经营单位新建、改建、扩建工程项目（以下统称建设项目）的安全设施，必须与主体工程同时设计、同时施工、同时投入生产和使用。安全设施投资应当纳入建设项目概算。

第二十九条　矿山、金属冶炼建设项目和用于生产、储存、装卸危险物品的建设项目，应当按照国家有关规定进行安全评价。

第三十条　建设项目安全设施的设计人、设计单位应当对安全设施设计负责。

矿山、金属冶炼建设项目和用于生产、储存、装卸危险物品的建设项目的安全设施设计应当按照国家有关规定报经有关部门审查，审查部门及其负责审查的人员对审查结果负责。

第三十一条　矿山、金属冶炼建设项目和用于生产、储存、装卸危险物品的建设项目的施工单位必须按照批准的安全设施设计施工，并对安全设施的工程质量负责。

矿山、金属冶炼建设项目和用于生产、储存危险物品的建设项目竣工投入生产或者使用前，应当由建设单位负责组织对安全设施进行验收；验收合格后，方可投入生产和使用。安全生产监督管理部门应当加强对建设单位验收活动和验收结果的监督核查。

第三十二条　生产经营单位应当在有较大危险因素的生产经营场所和有关设施、设备上，设置明显的安全警示标志。

第三十三条　安全设备的设计、制造、安装、使用、检测、维修、改造和报废，应当符合国家标准或者行业标准。

生产经营单位必须对安全设备进行经常性维护、保养，并定期检测，保证正常运转。维护、保养、检测应当做好记录，并由有关人员签字。

第三十四条　生产经营单位使用的危险物品的容器、运输工具，以及涉及人身安全、危险性较大的海洋石油开采特种设备和矿山井下特种设备，必须按照国家有关规定，由专业生产单位生产，并经具有专业资质的检测、检验机构检测、检验合格，取得安全使用证或者安全标志，方可投入使用。检测、检验机构对检测、检验结果负责。

第三十五条　国家对严重危及生产安全的工艺、设备实行淘汰制度，具体目录由国务院安全生产监督管理部门会同国务院有关部门制定并公布。法律、行政法规对目录的制定另有规定的，适用其规定。

省、自治区、直辖市人民政府可以根据本地区实际情况制定并公布具体目录，对前款规定以外的危及生产安全的工艺、设备予以淘汰。

生产经营单位不得使用应当淘汰的危及生产安全的工艺、设备。

第三十六条　生产、经营、运输、储存、使用危险物品或者处置废弃危险物品的，由有关主管部门依照有关法律、法规的规定和国家标准或者行业标准审批并实施监督管理。

生产经营单位生产、经营、运输、储存、使用危险物品或者处置废弃危险物品，必须执行有关法律、法规和国家标准或者行业标准，建立专门的安全管理制度，采取可靠的安全措施，接受有关主管部门依法实施的监督管理。

第三十七条　生产经营单位对重大危险源应当登记建档，进行定期检测、评估、监控，并制定应急预案，告知从业人员和相关人员在紧急情况下应当采取的应急措施。

生产经营单位应当按照国家有关规定将本单位重大危险源及有关安全措施、应急措施报有关地方人民政府安全生产监督管理部门和有关部门备案。

第三十八条　生产经营单位应当建立健全生产安全事故隐患排查治理制度，采取技术、管理措施，及时发现并消除事故隐患。事故隐患排查治理情况应当如实记录，并向从业人员通报。

县级以上地方各级人民政府负有安全生产监督管理职责的部门应当建立健全重大事故隐患治理督办制度，督促生产经营单位消除重大事故隐患。

第三十九条　生产、经营、储存、使用危险物品的车间、商店、仓库不得与员工宿舍在同一座建筑物内，并应当与员工宿舍保持安全距离。

生产经营场所和员工宿舍应当设有符合紧急疏散要求、标志明显、保持畅通的出口。禁止锁闭、封堵生产经营场所或者员工宿舍的出口。

第四十条　生产经营单位进行爆破、吊装以及国务院安全生产监督管理部门会同国务院有关部门规定的其他危险作业，应当安排专门人员进行现场安全管理，确保操作规程的遵守和安全措施的落实。

第四十一条　生产经营单位应当教育和督促从业人员严格执行本单位的安全生产规章制度和安全操作规程；并向从业人员如实告知作业场所和工作岗位存在的危险因素、防范措施以及事故应急措施。

第四十二条　生产经营单位必须为从业人员提供符合国家标准或者行业标准的劳动防护用品，并监督、教育从业人员按照使用规则佩戴、使用。

第四十三条　生产经营单位的安全生产管理人员应当根据本单位的生产经营特点，对安全生产状况进行经常性检查；对检查中发现的安全问题，应当立即处理；不能处理的，应当及时报告本单位有关负责人，有关负责人应当及时处理。检查及处理情况应当如实记录在案。

生产经营单位的安全生产管理人员在检查中发现重大事故隐患，依照前款规定向本单位有关负责人报告，有关负责人不及时处理的，安全生产管理人员可以向主管的负有安全生产监督管理职责的部门报告，接到报告的部门应当依法及时处理。

第四十四条　生产经营单位应当安排用于配备劳动防护用品、进行安全生产培训的经费。

第四十五条　两个以上生产经营单位在同一作业区域内进行生产经营活动，可能危及对方生产安全的，应当签订安全生产管理协议，明确各自的安全生产管理职责和应当采取的安全措施，并指定专职安全生产管理人员进行安全检查与协调。

第四十六条　生产经营单位不得将生产经营项目、场所、设备发包或者出租给不具备安全生产条件或者相应资质的单位或者个人。

生产经营项目、场所发包或者出租给其他单位的，生产经营单位应当与承包单位、承租单位签订专门的安全生产管理协议，或者在承包合同、租赁合同中约定各自的安全生产管理职责；生产经营单位对承包单位、承租单位的安全生产工作统一协调、管理，定期进行安全检查，发现安全问题的，应当及时督促整改。

第四十七条　生产经营单位发生生产安全事故时，单位的主要负责人应当立即组织抢救，并不得在事故调查处理期间擅离职守。

第四十八条　生产经营单位必须依法参加工伤保险，为从业人员缴纳保险费。

国家鼓励生产经营单位投保安全生产责任保险。

第三章　从业人员的安全生产权利义务

第四十九条　生产经营单位与从业人员订立的劳动合同，应当载明有关保障从业人员劳动安全、防止职业危害的事项，以及依法为从业人员办理工伤保险的事项。

生产经营单位不得以任何形式与从业人员订立协议，免除或者减轻其对从业人员因生产安全事故伤亡依法应承担的责任。

第五十条　生产经营单位的从业人员有权了解其作业场所和工作岗位存在的危险因素、防范措施及事故应急措施，有权对本单位的安全生产工作提出建议。

第五十一条　从业人员有权对本单位安全生产工作中存在的问题提出批评、检举、控告；有权拒绝违章指挥和强令冒险作业。

生产经营单位不得因从业人员对本单位安全生产工作提出批评、检举、控告或者拒绝违章指挥、强令冒险作业而降低其工资、福利等待遇或者解除与其订立的劳动合同。

第五十二条　从业人员发现直接危及人身安全的紧急情况时，有权停止作业或者在采取可能的应急措施后撤离作业场所。

生产经营单位不得因从业人员在前款紧急情况下停止作业或者采取紧急撤离措施而降低其工资、福利等待遇或者解除与其订立的劳动合同。

第五十三条　因生产安全事故受到损害的从业人员，除依法享有工伤保险外，依照有关民事法律尚有获得赔偿的权利的，有权向本单位提出赔偿要求。

第五十四条　从业人员在作业过程中，应当严格遵守本单位的安全生产规章制度和操作规程，服从管理，正确佩戴和使用劳动防护用品。

第五十五条　从业人员应当接受安全生产教育和培训，掌握本职工作所需的安全生产知识，提高安全生产技能，增强事故预防和应急处理能力。

第五十六条　从业人员发现事故隐患或者其他不安全因素，应当立即向现场安全生产管理人员或者本单位负责人报告；接到报告的人员应当及时予以处理。

第五十七条　工会有权对建设项目的安全设施与主体工程同时设计、同时施工、同时投入生产和使用进行监督，提出意见。

工会对生产经营单位违反安全生产法律、法规，侵犯从业人员合法权益的行为，有权要求纠正；发现生产经营单位违章指挥、强令冒险作业或者发现事故隐患时，有权提出解决的建议，生产经营单位应当及时研究答复；发现危及从业人员生命安全的情况时，有权向生产经营单位建议组织从业人员撤离危险场所，生产经营单位必须立即作出处理。

工会有权依法参加事故调查，向有关部门提出处理意见，并要求追究有关人员的责任。

第五十八条　生产经营单位使用被派遣劳动者的，被派遣劳动者享有本法规定的从业人员的权利，并应当履行本法规定的从业人员的义务。

第四章　安全生产的监督管理

第五十九条　县级以上地方各级人民政府应当根据本行政区域内的安全生产状况，组织有关部门按照职责分工，对本行政区域内容易发生重大生产安全事故的生产经营单位进行严格检查。

安全生产监督管理部门应当按照分类分级监督管理的要求，制定安全生产年度监督检查计划，并按照年度监督检查计划进行监督检查，发现事故隐患，应当及时处理。

第六十条　负有安全生产监督管理职责的部门依照有关法律、法规的规定，对涉及安全生产的事项需要审查批准（包括批准、核准、许可、注册、认证、颁发证照等，下同）或者验收的，必须严格依照有关法律、法规和国家标准或者行业标准规定的安全生产条件和程序进行审查；不符合有关法律、法规和国家标准或者行业标准规定的安全生产条件的，不得批准或者验收通过。对未依法取得批准或者验收合格的单位擅自从事有关活动的，负责行政审批的部门发现或者接到举报后应当立即予以取缔，并依法予以处理。对已经依法取得批准的单位，负责行政审批的部门发现其不再具备安全生产条件的，应当撤销原批准。

第六十一条　负有安全生产监督管理职责的部门对涉及安全生产的事项进行审查、验收，不得收取费用；不得要求接受审查、验收的单位购买其指定品牌或者指定生产、销售单位的安全设备、器材或者其他产品。

第六十二条　安全生产监督管理部门和其他负有安全生产监督管理职责的部门依法开展安全生产行政执法工作，对生产经营单位执行有关安全生产的法律、法规和国家标准或者行业标准的情况进行监督检查，行使以下职权：

（一）进入生产经营单位进行检查，调阅有关资料，向有关单位和人员了解情况。

（二）对检查中发现的安全生产违法行为，当场予以纠正或者要求限期改正；对依法应当给予行政处罚的行为，依照本法和其他有关法律、行政法规的规定作出行政处罚决定。

（三）对检查中发现的事故隐患，应当责令立即排除；重大事故隐患排除前或者排除过程中无法保证安全的，应当责令从危险区域内撤出作业人员，责令暂时停产停业或者停止使用相关设施、设备；重大事故隐患排除后，经审查同意，方可恢复生产经营和使用。

（四）对有根据认为不符合保障安全生产的国家标准或者行业标准的设施、设备、器材以及违法生产、储存、使用、经营、运输的危险物品予以查封或者扣押，对违法生产、储存、使用、经营危险物品的作业场所予以查封，并依法作出处理决定。

监督检查不得影响被检查单位的正常生产经营活动。

第六十三条　生产经营单位对负有安全生产监督管理职责的部门的监督检查人员（以下统称安全生产监督检查人员）依法履行监督检查职责，应当予以配合，不得拒绝、阻挠。

第六十四条　安全生产监督检查人员应当忠于职守，坚持原则，秉公执法。

安全生产监督检查人员执行监督检查任务时，必须出示有效的监督执法证件；对涉及被检查单位的技术秘密和业务秘密，应当为其保密。

第六十五条　安全生产监督检查人员应当将检查的时间、地点、内容、发现的问题及其处理情况，作出书面记录，并由检查人员和被检查单位的负责人签字；被检查单位的负责人拒绝签字的，检查人员应当将情况记录在案，并向负有安全生产监督管理职责的部门报告。

第六十六条　负有安全生产监督管理职责的部门在监督检查中，应当互相配合，实行联合检查；确需分别进行检查的，应当互通情况，发现存在的安全问题应当由其他有关部门进行处理的，应当及时移送其他有关部门并形成记录备查，接受移送的部门应当及时进行处理。

第六十七条　负有安全生产监督管理职责的部门依法对存在重大事故隐患的生产经营单位作出停产停业、停止施工、停止使用相关设施或者设备的决定，生产经营单位应当依法执行，及时消除事故隐患。生产经营单位拒不执行，有发生生产安全事故的现实危险的，在保证安全的前提下，经本部门主要负责人批准，负有安全生产监督管理职责的部门可以采取通知有关单位停止供电、停止供应民用爆炸物品等措施，强制生产经营单位履行决定。通知应当采用书面形式，有关单位应当予以配合。

负有安全生产监督管理职责的部门依照前款规定采取停止供电措施，除有危及生产安全的紧急情形外，应当提前二十四小时通知生产经营单位。生产经营单位依法履行行政决定、采取相应措施消除事故隐患的，负有安全生产监督管理职责的部门应当及时解除前款规定的措施。

第六十八条　监察机关依照行政监察法的规定，对负有安全生产监督管理职责的部门及其工作人员履行安全生产监督管理职责实施监察。

第六十九条　承担安全评价、认证、检测、检验的机构应当具备国家规定的资质条件，并对其作出的安全评价、认证、检测、检验的结果负责。

第七十条　负有安全生产监督管理职责的部门应当建立举报制度，公开举报电话、信箱或者电子邮件地址，受理有关安全生产的举报；受理的举报事项经调查核实后，应当形成书面材料；需要落实整改措施的，报经有关负责人签字并督促落实。

第七十一条　任何单位或者个人对事故隐患或者安全生产违法行为，均有权向负有安全生产监督管理职责的部门报告或者举报。

第七十二条   居民委员会、村民委员会发现其所在区域内的生产经营单位存在事故隐患或者安全生产违法行为时，应当向当地人民政府或者有关部门报告。

第七十三条   县级以上各级人民政府及其有关部门对报告重大事故隐患或者举报安全生产违法行为的有功人员，给予奖励。具体奖励办法由国务院安全生产监督管理部门会同国务院财政部门制定。

第七十四条   新闻、出版、广播、电影、电视等单位有进行安全生产公益宣传教育的义务，有对违反安全生产法律、法规的行为进行舆论监督的权利。

第七十五条   负有安全生产监督管理职责的部门应当建立安全生产违法行为信息库，如实记录生产经营单位的安全生产违法行为信息；对违法行为情节严重的生产经营单位，应当向社会公告，并通报行业主管部门、投资主管部门、国土资源主管部门、证券监督管理机构以及有关金融机构。

第五章   生产安全事故的应急救援与调查处理

第七十六条   国家加强生产安全事故应急能力建设，在重点行业、领域建立应急救援基地和应急救援队伍，鼓励生产经营单位和其他社会力量建立应急救援队伍，配备相应的应急救援装备和物资，提高应急救援的专业化水平。

国务院安全生产监督管理部门建立全国统一的生产安全事故应急救援信息系统，国务院有关部门建立健全相关行业、领域的生产安全事故应急救援信息系统。

第七十七条   县级以上地方各级人民政府应当组织有关部门制定本行政区域内特大生产安全事故应急救援预案，建立应急救援体系。

第七十八条   生产经营单位应当制定本单位生产安全事故应急救援预案，与所在地县级以上地方人民政府组织制定的生产安全事故应急救援预案相衔接，并定期组织演练。

第七十九条   危险物品的生产、经营、储存单位以及矿山、金属冶炼、城市轨道交通运营、建筑施工单位应当建立应急救援组织；生产经营规模较小的，可以不建立应急救援组织，但应当指定兼职的应急救援人员。

危险物品的生产、经营、储存、运输单位以及矿山、金属冶炼、城市轨道交通运营、建筑施工单位应当配备必要的应急救援器材、设备和物资，并进行经常性维护、保养，保证正常运转。

第八十条   生产经营单位发生生产安全事故后，事故现场有关人员应当立即报告本单位负责人。

单位负责人接到事故报告后，应当迅速采取有效措施，组织抢救，防止事故扩大，减少人员伤亡和财产损失，并按照国家有关规定立即如实报告当地负有安全生产监督管理职责的部门，不得隐瞒不报、谎报或者迟报，不得故意破坏事故现场、毁灭有关证据。

第八十一条   负有安全生产监督管理职责的部门接到事故报告后，应当立即按照国家有关规定上报事故情况。负有安全生产监督管理职责的部门和有关地方人民政府对事故情况不得隐瞒不报、谎报或者迟报。

第八十二条   有关地方人民政府和负有安全生产监督管理职责的部门的负责人接到生产安全事故报告后，应当按照生产安全事故应急救援预案的要求立即赶到事故现场，组织事故抢救。

参与事故抢救的部门和单位应当服从统一指挥，加强协同联动，采取有效的应急救援措施，并根据事故救援的需要采取警戒、疏散等措施，防止事故扩大和次生灾害的发生，减少人员伤亡和财产损失。

事故抢救过程中应当采取必要措施，避免或者减少对环境造成的危害。

任何单位和个人都应当支持、配合事故抢救，并提供一切便利条件。

第八十三条　事故调查处理应当按照科学严谨、依法依规、实事求是、注重实效的原则，及时、准确地查清事故原因，查明事故性质和责任，总结事故教训，提出整改措施，并对事故责任者提出处理意见。事故调查报告应当依法及时向社会公布。事故调查和处理的具体办法由国务院制定。

事故发生单位应当及时全面落实整改措施，负有安全生产监督管理职责的部门应当加强监督检查。

第八十四条　生产经营单位发生生产安全事故，经调查确定为责任事故的，除了应当查明事故单位的责任并依法予以追究外，还应当查明对安全生产的有关事项负有审查批准和监督职责的行政部门的责任，对有失职、渎职行为的，依照本法第七十七条的规定追究法律责任。

第八十五条　任何单位和个人不得阻挠和干涉对事故的依法调查处理。

第八十六条　县级以上地方各级人民政府安全生产监督管理部门应当定期统计分析本行政区域内发生生产安全事故的情况，并定期向社会公布。

第六章　法　律　责　任

第八十七条　负有安全生产监督管理职责的部门的工作人员，有下列行为之一的，给予降级或者撤职的处分；构成犯罪的，依照刑法有关规定追究刑事责任：

（一）对不符合法定安全生产条件的涉及安全生产的事项予以批准或者验收通过的；

（二）发现未依法取得批准、验收的单位擅自从事有关活动或者接到举报后不予取缔或者不依法予以处理的；

（三）对已经依法取得批准的单位不履行监督管理职责，发现其不再具备安全生产条件而不撤销原批准或者发现安全生产违法行为不予查处的；

（四）在监督检查中发现重大事故隐患，不依法及时处理的。

负有安全生产监督管理职责的部门的工作人员有前款规定以外的滥用职权、玩忽职守、徇私舞弊行为的，依法给予处分；构成犯罪的，依照刑法有关规定追究刑事责任。

第八十八条　负有安全生产监督管理职责的部门，要求被审查、验收的单位购买其指定的安全设备、器材或者其他产品的，在对安全生产事项的审查、验收中收取费用的，由其上级机关或者监察机关责令改正，责令退还收取的费用；情节严重的，对直接负责的主管人员和其他直接责任人员依法给予处分。

第八十九条　承担安全评价、认证、检测、检验工作的机构，出具虚假证明的，没收违法所得；违法所得在十万元以上的，并处违法所得二倍以上五倍以下的罚款；没有违法所得或者违法所得不足十万元的，单处或者并处十万元以上二十万元以下的罚款；对其直接负责的主管人员和其他直接责任人员处二万元以上五万元以下的罚款；给他人造成损害的，与生产经营单位承担连带赔偿责任；构成犯罪的，依照刑法有关规定追究刑事责任。

对有前款违法行为的机构，吊销其相应资质。

第九十条   生产经营单位的决策机构、主要负责人或者个人经营的投资人不依照本法规定保证安全生产所必需的资金投入，致使生产经营单位不具备安全生产条件的，责令限期改正，提供必需的资金；逾期未改正的，责令生产经营单位停产停业整顿。

有前款违法行为，导致发生生产安全事故的，对生产经营单位的主要负责人给予撤职处分，对个人经营的投资人处二万元以上二十万元以下的罚款；构成犯罪的，依照刑法有关规定追究刑事责任。

第九十一条   生产经营单位的主要负责人未履行本法规定的安全生产管理职责的，责令限期改正；逾期未改正的，处二万元以上五万元以下的罚款，责令生产经营单位停产停业整顿。

生产经营单位的主要负责人有前款违法行为，导致发生生产安全事故的，给予撤职处分；构成犯罪的，依照刑法有关规定追究刑事责任。

生产经营单位的主要负责人依照前款规定受刑事处罚或者撤职处分的，自刑罚执行完毕或者受处分之日起，五年内不得担任任何生产经营单位的主要负责人；对重大、特别重大生产安全事故负有责任的，终身不得担任本行业生产经营单位的主要负责人。

第九十二条   生产经营单位的主要负责人未履行本法规定的安全生产管理职责，导致发生生产安全事故的，由安全生产监督管理部门依照下列规定处以罚款：

（一）发生一般事故的，处上一年年收入百分之三十的罚款；

（二）发生较大事故的，处上一年年收入百分之四十的罚款；

（三）发生重大事故的，处上一年年收入百分之六十的罚款；

（四）发生特别重大事故的，处上一年年收入百分之八十的罚款。

第九十三条   生产经营单位的安全生产管理人员未履行本法规定的安全生产管理职责的，责令限期改正；导致发生生产安全事故的，暂停或者撤销其与安全生产有关的资格；构成犯罪的，依照刑法有关规定追究刑事责任。

第九十四条   生产经营单位有下列行为之一的，责令限期改正，可以处五万元以下的罚款；逾期未改正的，责令停产停业整顿，并处五万元以上十万元以下的罚款，对其直接负责的主管人员和其他直接责任人员处一万元以上二万元以下的罚款：

（一）未按照规定设置安全生产管理机构或者配备安全生产管理人员的；

（二）危险物品的生产、经营、储存单位以及矿山、金属冶炼、建筑施工、道路运输单位的主要负责人和安全生产管理人员未按照规定经考核合格的；

（三）未按照规定对从业人员、被派遣劳动者、实习学生进行安全生产教育和培训，或者未按照规定如实告知有关的安全生产事项的；

（四）未如实记录安全生产教育和培训情况的；

（五）未将事故隐患排查治理情况如实记录或者未向从业人员通报的；

（六）未按照规定制定生产安全事故应急救援预案或者未定期组织演练的；

（七）特种作业人员未按照规定经专门的安全作业培训并取得相应资格，上岗作业的。

第九十五条   生产经营单位有下列行为之一的，责令停止建设或者停产停业整顿，限期改正；逾期未改正的，处五十万元以上一百万元以下的罚款，对其直接负责的主管人员和其他直接责任人员处二万元以上五万元以下的罚款；构成犯罪的，依照刑法有关规定追究刑事责任：

（一）未按照规定对矿山、金属冶炼建设项目或者用于生产、储存、装卸危险物品的建设项目进行安全评价的；

（二）矿山、金属冶炼建设项目或者用于生产、储存、装卸危险物品的建设项目没有安全设施设计或者安全设施设计未按照规定报经有关部门审查同意的；

（三）矿山、金属冶炼建设项目或者用于生产、储存、装卸危险物品的建设项目的施工单位未按照批准的安全设施设计施工的；

（四）矿山、金属冶炼建设项目或者用于生产、储存危险物品的建设项目竣工投入生产或者使用前，安全设施未经验收合格的。

第九十六条　生产经营单位有下列行为之一的，责令限期改正，可以处五万元以下的罚款；逾期未改正的，处五万元以上二十万元以下的罚款，对其直接负责的主管人员和其他直接责任人员处一万元以上二万元以下的罚款；情节严重的，责令停产停业整顿；构成犯罪的，依照刑法有关规定追究刑事责任：

（一）未在有较大危险因素的生产经营场所和有关设施、设备上设置明显的安全警示标志的；

（二）安全设备的安装、使用、检测、改造和报废不符合国家标准或者行业标准的；

（三）未对安全设备进行经常性维护、保养和定期检测的；

（四）未为从业人员提供符合国家标准或者行业标准的劳动防护用品的；

（五）危险物品的容器、运输工具，以及涉及人身安全、危险性较大的海洋石油开采特种设备和矿山井下特种设备未经具有专业资质的机构检测、检验合格，取得安全使用证或者安全标志，投入使用的；

（六）使用应当淘汰的危及生产安全的工艺、设备的。

第九十七条　未经依法批准，擅自生产、经营、运输、储存、使用危险物品或者处置废弃危险物品的，依照有关危险物品安全管理的法律、行政法规的规定予以处罚；构成犯罪的，依照刑法有关规定追究刑事责任。

第九十八条　生产经营单位有下列行为之一的，责令限期改正，可以处十万元以下的罚款；逾期未改正的，责令停产停业整顿，并处十万元以上二十万元以下的罚款，对其直接负责的主管人员和其他直接责任人员处二万元以上五万元以下的罚款；构成犯罪的，依照刑法有关规定追究刑事责任：

（一）生产、经营、运输、储存、使用危险物品或者处置废弃危险物品，未建立专门安全管理制度、未采取可靠的安全措施的；

（二）对重大危险源未登记建档，或者未进行评估、监控，或者未制定应急预案的；

（三）进行爆破、吊装以及国务院安全生产监督管理部门会同国务院有关部门规定的其他危险作业，未安排专门人员进行现场安全管理的；

（四）未建立事故隐患排查治理制度的。

第九十九条　生产经营单位未采取措施消除事故隐患的，责令立即消除或者限期消除；生产经营单位拒不执行的，责令停产停业整顿，并处十万元以上五十万元以下的罚款，对其直接负责的主管人员和其他直接责任人员处二万元以上五万元以下的罚款。

第一百条　生产经营单位将生产经营项目、场所、设备发包或者出租给不具备安全生产条件或者相应资质的单位或者个人的，责令限期改正，没收违法所得；违法所得十万元以上的，并处违法所得二倍以上五倍以下的罚款；没有违法所得或者违法所得不足十万元的，单处或者并处十万元以上二十万元以下的罚款；对其直接负责的主管人员和其他直接责任人员处一万元以上二万元以下的罚款；导致发生生产安全事故给他人造成损害的，与承包方、承租方承担连带赔偿责任。

生产经营单位未与承包单位、承租单位签订专门的安全生产管理协议或者未在承包合同、租赁合同中明确各自的安全生产管理职责，或者未对承包单位、承租单位的安全生产统一协调、管理的，责令限期改正，可以处五万元以下的罚款，对其直接负责的主管人员和其他直接责任人员可以处一万元以下的罚款；逾期未改正的，责令停产停业整顿。

第一百零一条 两个以上生产经营单位在同一作业区域内进行可能危及对方安全生产的生产经营活动，未签订安全生产管理协议或者未指定专职安全生产管理人员进行安全检查与协调的，责令限期改正，可以处五万元以下的罚款，对其直接负责的主管人员和其他直接责任人员可以处一万元以下的罚款；逾期未改正的，责令停产停业。

第一百零二条 生产经营单位有下列行为之一的，责令限期改正，可以处五万元以下的罚款，对其直接负责的主管人员和其他直接责任人员可以处一万元以下的罚款；逾期未改正的，责令停产停业整顿；构成犯罪的，依照刑法有关规定追究刑事责任：

（一）生产、经营、储存、使用危险物品的车间、商店、仓库与员工宿舍在同一座建筑内，或者与员工宿舍的距离不符合安全要求的；

（二）生产经营场所和员工宿舍未设有符合紧急疏散需要、标志明显、保持畅通的出口，或者锁闭、封堵生产经营场所或者员工宿舍出口的。

第一百零三条 生产经营单位与从业人员订立协议，免除或者减轻其对从业人员因生产安全事故伤亡依法应承担的责任的，该协议无效；对生产经营单位的主要负责人、个人经营的投资人处二万元以上十万元以下的罚款。

第一百零四条 生产经营单位的从业人员不服从管理，违反安全生产规章制度或者操作规程的，由生产经营单位给予批评教育，依照有关规章制度给予处分；构成犯罪的，依照刑法有关规定追究刑事责任。

第一百零五条 违反本法规定，生产经营单位拒绝、阻碍负有安全生产监督管理职责的部门依法实施监督检查的，责令改正；拒不改正的，处二万元以上二十万元以下的罚款；对其直接负责的主管人员和其他直接责任人员处一万元以上二万元以下的罚款；构成犯罪的，依照刑法有关规定追究刑事责任。

第一百零六条 生产经营单位的主要负责人在本单位发生生产安全事故时，不立即组织抢救或者在事故调查处理期间擅离职守或者逃匿的，给予降级、撤职的处分，并由安全生产监督管理部门处上一年年收入百分之六十至百分之一百的罚款；对逃匿的处十五日以下拘留；构成犯罪的，依照刑法有关规定追究刑事责任。

生产经营单位的主要负责人对生产安全事故隐瞒不报、谎报或者迟报的，依照前款规定处罚。

第一百零七条 有关地方人民政府、负有安全生产监督管理职责的部门，对生产安全事故隐瞒不报、谎报或者迟报的，对直接负责的主管人员和其他直接责任人员依法给予处分；构成犯罪的，依照刑法有关规定追究刑事责任。

第一百零八条 生产经营单位不具备本法和其他有关法律、行政法规和国家标准或者行业标准规定的安全生产条件，经停产停业整顿仍不具备安全生产条件的，予以关闭；有关部门应当依法吊销其有关证照。

第一百零九条 发生生产安全事故，对负有责任的生产经营单位除要求其依法承担相应的赔偿等责任外，由安全生产监督管理部门依照下列规定处以罚款：

（一）发生一般事故的，处二十万元以上五十万元以下的罚款；

（二）发生较大事故的，处五十万元以上一百万元以下的罚款；

（三）发生重大事故的，处一百万元以上五百万元以下的罚款；

（四）发生特别重大事故的，处五百万元以上一千万元以下的罚款；情节特别严重的，处一千万元以上二千万元以下的罚款。

第一百一十条 本法规定的行政处罚，由安全生产监督管理部门和其他负有安全生产监督管理职责的部门按照职责分工决定。予以关闭的行政处罚由负有安全生产监督管理职责的部门报请县级以上人民政府按照国务院规定的权限决定；给予拘留的行政处罚由公安机关依照治安管理处罚法的规定决定。

第一百一十一条 生产经营单位发生生产安全事故造成人员伤亡、他人财产损失的，应当依法承担赔偿责任；拒不承担或者其负责人逃匿的，由人民法院依法强制执行。

生产安全事故的责任人未依法承担赔偿责任，经人民法院依法采取执行措施后，仍不能对受害人给予足额赔偿的，应当继续履行赔偿义务；受害人发现责任人有其他财产的，可以随时请求人民法院执行。

第七章 附 则

第一百一十二条 本法下列用语的含义：

危险物品，是指易燃易爆物品、危险化学品、放射性物品等能够危及人身安全和财产安全的物品。

重大危险源，是指长期地或者临时地生产、搬运、使用或者储存危险物品，且危险物品的数量等于或者超过临界量的单元（包括场所和设施）。

第一百一十三条 本法规定的生产安全一般事故、较大事故、重大事故、特别重大事故的划分标准由国务院规定。

国务院安全生产监督管理部门和其他负有安全生产监督管理职责的部门应当根据各自的职责分工，制定相关行业、领域重大事故隐患的判定标准。

第一百一十四条 本法自 2002 年 11 月 1 日起施行。

附录2 《生产安全事故报告和调查处理条例》

（国务院第 493 号令）

　　为了规范生产安全事故的报告和调查处理，落实生产安全事故责任追究制度，防止和减少生产安全事故，根据《中华人民共和国安全生产法》和有关法律，制定本条例。

　　生产经营活动中发生的造成人身伤亡或者直接经济损失的生产安全事故的报告和调查处理，适用本条例；环境污染事故、核设施事故、国防科研生产事故的报告和调查处理不适用本条例。全文共六章四十六条。

第一章 总　　则

　　第一条　为了规范生产安全事故的报告和调查处理，落实生产安全事故责任追究制度，防止和减少生产安全事故，根据《中华人民共和国安全生产法》和有关法律，制定本条例。

　　第二条　生产经营活动中发生的造成人身伤亡或者直接经济损失的生产安全事故的报告和调查处理，适用本条例；环境污染事故、核设施事故、国防科研生产事故的报告和调查处理不适用本条例。

　　第三条　根据生产安全事故（以下简称事故）造成的人员伤亡或者直接经济损失，事故一般分为以下等级：

　　（一）特别重大事故，是指造成 30 人以上死亡，或者 100 人以上重伤（包括急性工业中毒，下同），或者 1 亿元以上直接经济损失的事故；

　　（二）重大事故，是指造成 10 人以上 30 人以下死亡，或者 50 人以上 100 人以下重伤，或者 5000 万元以上 1 亿元以下直接经济损失的事故；

　　（三）较大事故，是指造成 3 人以上 10 人以下死亡，或者 10 人以上 50 人以下重伤，或者 1000 万元以上 5000 万元以下直接经济损失的事故；

　　（四）一般事故，是指造成 3 人以下死亡，或者 10 人以下重伤，或者 1000 万元以下直接经济损失的事故。

　　国务院安全生产监督管理部门可以会同国务院有关部门，制定事故等级划分的补充性规定。

　　本条第一款所称的"以上"包括本数，所称的"以下"不包括本数。

　　第四条　事故报告应当及时、准确、完整，任何单位和个人对事故不得迟报、漏报、谎报或者瞒报。

　　事故调查处理应当坚持实事求是、尊重科学的原则，及时、准确地查清事故经过、事故原因和事故损失，查明事故性质，认定事故责任，总结事故教训，提出整改措施，并对事故责任者依法追究责任。

　　第五条　县级以上人民政府应当依照本条例的规定，严格履行职责，及时、准确地完成事故调查处理工作。

　　事故发生地有关地方人民政府应当支持、配合上级人民政府或者有关部门的事故调查处理工作，并提供必要的便利条件。

参加事故调查处理的部门和单位应当互相配合，提高事故调查处理工作的效率。

第六条 工会依法参加事故调查处理，有权向有关部门提出处理意见。

第七条 任何单位和个人不得阻挠和干涉对事故的报告和依法调查处理。

第八条 对事故报告和调查处理中的违法行为，任何单位和个人有权向安全生产监督管理部门、监察机关或者其他有关部门举报，接到举报的部门应当依法及时处理。

第二章 事 故 报 告

第九条 事故发生后，事故现场有关人员应当立即向本单位负责人报告；单位负责人接到报告后，应当于1小时内向事故发生地县级以上人民政府安全生产监督管理部门和负有安全生产监督管理职责的有关部门报告。

情况紧急时，事故现场有关人员可以直接向事故发生地县级以上人民政府安全生产监督管理部门和负有安全生产监督管理职责的有关部门报告。

第十条 安全生产监督管理部门和负有安全生产监督管理职责的有关部门接到事故报告后，应当依照下列规定上报事故情况，并通知公安机关、劳动保障行政部门、工会和人民检察院：

（一）特别重大事故、重大事故逐级上报至国务院安全生产监督管理部门和负有安全生产监督管理职责的有关部门；

（二）较大事故逐级上报至省、自治区、直辖市人民政府安全生产监督管理部门和负有安全生产监督管理职责的有关部门；

（三）一般事故上报至设区的市级人民政府安全生产监督管理部门和负有安全生产监督管理职责的有关部门。

安全生产监督管理部门和负有安全生产监督管理职责的有关部门依照前款规定上报事故情况，应当同时报告本级人民政府。国务院安全生产监督管理部门和负有安全生产监督管理职责的有关部门以及省级人民政府接到发生特别重大事故、重大事故的报告后，应当立即报告国务院。

必要时，安全生产监督管理部门和负有安全生产监督管理职责的有关部门可以越级上报事故情况。

第十一条 安全生产监督管理部门和负有安全生产监督管理职责的有关部门逐级上报事故情况，每级上报的时间不得超过2小时。

第十二条 报告事故应当包括下列内容：

（一）事故发生单位概况；

（二）事故发生的时间、地点以及事故现场情况；

（三）事故的简要经过；

（四）事故已经造成或者可能造成的伤亡人数（包括下落不明的人数）和初步估计的直接经济损失；

（五）已经采取的措施；

（六）其他应当报告的情况。

第十三条 事故报告后出现新情况的，应当及时补报。

自事故发生之日起 30 日内，事故造成的伤亡人数发生变化的，应当及时补报。道路交通事故、火灾事故自发生之日起 7 日内，事故造成的伤亡人数发生变化的，应当及时补报。

第十四条　事故发生单位负责人接到事故报告后，应当立即启动事故相应应急预案，或者采取有效措施，组织抢救，防止事故扩大，减少人员伤亡和财产损失。

第十五条　事故发生地有关地方人民政府、安全生产监督管理部门和负有安全生产监督管理职责的有关部门接到事故报告后，其负责人应当立即赶赴事故现场，组织事故救援。

第十六条　事故发生后，有关单位和人员应当妥善保护事故现场以及相关证据，任何单位和个人不得破坏事故现场、毁灭相关证据。

因抢救人员、防止事故扩大以及疏通交通等原因，需要移动事故现场物件的，应当作出标志，绘制现场简图并作出书面记录，妥善保存现场重要痕迹、物证。

第十七条　事故发生地公安机关根据事故的情况，对涉嫌犯罪的，应当依法立案侦查，采取强制措施和侦查措施。犯罪嫌疑人逃匿的，公安机关应当迅速追捕归案。

第十八条　安全生产监督管理部门和负有安全生产监督管理职责的有关部门应当建立值班制度，并向社会公布值班电话，受理事故报告和举报。

第三章　事　故　调　查

第十九条　特别重大事故由国务院或者国务院授权有关部门组织事故调查组进行调查。

重大事故、较大事故、一般事故分别由事故发生地省级人民政府、设区的市级人民政府、县级人民政府负责调查。省级人民政府、设区的市级人民政府、县级人民政府可以直接组织事故调查组进行调查，也可以授权或者委托有关部门组织事故调查组进行调查。

未造成人员伤亡的一般事故，县级人民政府也可以委托事故发生单位组织事故调查组进行调查。

第二十条　上级人民政府认为必要时，可以调查由下级人民政府负责调查的事故。

自事故发生之日起 30 日内（道路交通事故、火灾事故自发生之日起 7 日内），因事故伤亡人数变化导致事故等级发生变化，依照本条例规定应当由上级人民政府负责调查的，上级人民政府可以另行组织事故调查组进行调查。

第二十一条　特别重大事故以下等级事故，事故发生地与事故发生单位不在同一个县级以上行政区域的，由事故发生地人民政府负责调查，事故发生单位所在地人民政府应当派人参加。

第二十二条　事故调查组的组成应当遵循精简、效能的原则。

根据事故的具体情况，事故调查组由有关人民政府、安全生产监督管理部门、负有安全生产监督管理职责的有关部门、监察机关、公安机关以及工会派人组成，并应当邀请人民检察院派人参加。

事故调查组可以聘请有关专家参与调查。

第二十三条　事故调查组成员应当具有事故调查所需要的知识和专长，并与所调查的事故没有直接利害关系。

第二十四条　事故调查组组长由负责事故调查的人民政府指定。事故调查组组长主持事故调查组的工作。

第二十五条　事故调查组履行下列职责：

（一）查明事故发生的经过、原因、人员伤亡情况及直接经济损失；

（二）认定事故的性质和事故责任；

（三）提出对事故责任者的处理建议；

（四）总结事故教训，提出防范和整改措施；

（五）提交事故调查报告。

第二十六条　事故调查组有权向有关单位和个人了解与事故有关的情况，并要求其提供相关文件、资料，有关单位和个人不得拒绝。

事故发生单位的负责人和有关人员在事故调查期间不得擅离职守，并应当随时接受事故调查组的询问，如实提供有关情况。

事故调查中发现涉嫌犯罪的，事故调查组应当及时将有关材料或者其复印件移交司法机关处理。

第二十七条　事故调查中需要进行技术鉴定的，事故调查组应当委托具有国家规定资质的单位进行技术鉴定。必要时，事故调查组可以直接组织专家进行技术鉴定。技术鉴定所需时间不计入事故调查期限。

第二十八条　事故调查组成员在事故调查工作中应当诚信公正、恪尽职守，遵守事故调查组的纪律，保守事故调查的秘密。

未经事故调查组组长允许，事故调查组成员不得擅自发布有关事故的信息。

第二十九条　事故调查组应当自事故发生之日起 60 日内提交事故调查报告；特殊情况下，经负责事故调查的人民政府批准，提交事故调查报告的期限可以适当延长，但延长的期限最长不超过 60 日。

第三十条　事故调查报告应当包括下列内容：

（一）事故发生单位概况；

（二）事故发生经过和事故救援情况；

（三）事故造成的人员伤亡和直接经济损失；

（四）事故发生的原因和事故性质；

（五）事故责任的认定以及对事故责任者的处理建议；

（六）事故防范和整改措施。

事故调查报告应当附具有关证据材料。事故调查组成员应当在事故调查报告上签名。

第三十一条　事故调查报告报送负责事故调查的人民政府后，事故调查工作即告结束。事故调查的有关资料应当归档保存。

第四章　事　故　处　理

第三十二条　重大事故、较大事故、一般事故，负责事故调查的人民政府应当自收到事故调查报告之日起 15 日内作出批复；特别重大事故，30 日内作出批复，特殊情况下，批复时间可以适当延长，但延长的时间最长不超过 30 日。

有关机关应当按照人民政府的批复，依照法律、行政法规规定的权限和程序，对事故发生单位和有关人员进行行政处罚，对负有事故责任的国家工作人员进行处分。

事故发生单位应当按照负责事故调查的人民政府的批复，对本单位负有事故责任的人员进行处理。

负有事故责任的人员涉嫌犯罪的，依法追究刑事责任。

第三十三条　事故发生单位应当认真吸取事故教训，落实防范和整改措施，防止事故再次发生。防范和整改措施的落实情况应当接受工会和职工的监督。

安全生产监督管理部门和负有安全生产监督管理职责的有关部门应当对事故发生单位落实防范和整改措施的情况进行监督检查。

第三十四条　事故处理的情况由负责事故调查的人民政府或者其授权的有关部门、机构向社会公布，依法应当保密的除外。

第五章　法　律　责　任

第三十五条　事故发生单位主要负责人有下列行为之一的，处上一年年收入40%～80%的罚款；属于国家工作人员的，并依法给予处分；构成犯罪的，依法追究刑事责任：

（一）不立即组织事故抢救的；

（二）迟报或者漏报事故的；

（三）在事故调查处理期间擅离职守的。

第三十六条　事故发生单位及其有关人员有下列行为之一的，对事故发生单位处100万元以上500万元以下的罚款；对主要负责人、直接负责的主管人员和其他直接责任人员处上一年年收入60%～100%的罚款；属于国家工作人员的，并依法给予处分；构成违反治安管理行为的，由公安机关依法给予治安管理处罚；构成犯罪的，依法追究刑事责任：

（一）谎报或者瞒报事故的；

（二）伪造或者故意破坏事故现场的；

（三）转移、隐匿资金、财产，或者销毁有关证据、资料的；

（四）拒绝接受调查或者拒绝提供有关情况和资料的；

（五）在事故调查中作伪证或者指使他人作伪证的；

（六）事故发生后逃匿的。

第三十七条　事故发生单位对事故发生负有责任的，依照下列规定处以罚款：

（一）发生一般事故的，处10万元以上20万元以下的罚款；

（二）发生较大事故的，处20万元以上50万元以下的罚款；

（三）发生重大事故的，处50万元以上200万元以下的罚款；

（四）发生特别重大事故的，处200万元以上500万元以下的罚款。

第三十八条　事故发生单位主要负责人未依法履行安全生产管理职责，导致事故发生的，依照下列规定处以罚款；属于国家工作人员的，并依法给予处分；构成犯罪的，依法追究刑事责任：

（一）发生一般事故的，处上一年年收入30%的罚款；

（二）发生较大事故的，处上一年年收入40%的罚款；

（三）发生重大事故的，处上一年年收入60%的罚款；

（四）发生特别重大事故的，处上一年年收入80%的罚款。

　　第三十九条　有关地方人民政府、安全生产监督管理部门和负有安全生产监督管理职责的有关部门有下列行为之一的，对直接负责的主管人员和其他直接责任人员依法给予处分；构成犯罪的，依法追究刑事责任：

　　（一）不立即组织事故抢救的；

　　（二）迟报、漏报、谎报或者瞒报事故的；

　　（三）阻碍、干涉事故调查工作的；

　　（四）在事故调查中作伪证或者指使他人作伪证的。

　　第四十条　事故发生单位对事故发生负有责任的，由有关部门依法暂扣或者吊销其有关证照；对事故发生单位负有事故责任的有关人员，依法暂停或者撤销其与安全生产有关的执业资格、岗位证书；事故发生单位主要负责人受到刑事处罚或者撤职处分的，自刑罚执行完毕或者受处分之日起，5 年内不得担任任何生产经营单位的主要负责人。

　　为发生事故的单位提供虚假证明的中介机构，由有关部门依法暂扣或者吊销其有关证照及其相关人员的执业资格；构成犯罪的，依法追究刑事责任。

　　第四十一条　参与事故调查的人员在事故调查中有下列行为之一的，依法给予处分；构成犯罪的，依法追究刑事责任：

　　（一）对事故调查工作不负责任，致使事故调查工作有重大疏漏的；

　　（二）包庇、袒护负有事故责任的人员或者借机打击报复的。

　　第四十二条　违反本条例规定，有关地方人民政府或者有关部门故意拖延或者拒绝落实经批复的对事故责任人的处理意见的，由监察机关对有关责任人员依法给予处分。

　　第四十三条　本条例规定的罚款的行政处罚，由安全生产监督管理部门决定。

　　法律、行政法规对行政处罚的种类、幅度和决定机关另有规定的，依照其规定。

第六章　附　　则

　　第四十四条　没有造成人员伤亡，但是社会影响恶劣的事故，国务院或者有关地方人民政府认为需要调查处理的，依照本条例的有关规定执行。

　　国家机关、事业单位、人民团体发生的事故的报告和调查处理，参照本条例的规定执行。

　　第四十五条　特别重大事故以下等级事故的报告和调查处理，有关法律、行政法规或者国务院另有规定的，依照其规定。

　　第四十六条　本条例自 2007 年 6 月 1 日起施行。国务院 1989 年 3 月 29 日公布的《特别重大事故调查程序暂行规定》和 1991 年 2 月 22 日公布的《企业职工伤亡事故报告和处理规定》同时废止。

参 考 文 献

[1] 中华人民共和国安全生产法(2014 年修正).
[2] 中华人民共和国建筑法(2011 年修正).
[3] 中华人民共和国消防法(2008 年修正).
[4] 中华人民共和国刑法(2011 年修正).
[5] 生产安全事故报告和调查处理条例(国务院第 493 号令).
[6] 职业健康安全管理体系规范(GB/T 28001—2011).
[7] 建筑施工安全检查标准(JGJ 59—2011).
[8] 建筑业企业职工安全培训教育暂行规定(建教[1997]83 号).
[9] 危险性较大的分部分项工程安全管理办法(建质[2009]87 号).
[10] 建筑施工扣件式钢管脚手架安全技术规范(JGJ 130—2011).
[11] 建筑施工企业安全生产管理规范(GB 50656—2011).
[12] 建筑施工特种作业人员管理规定(建质[2008]75 号).
[13] 生产安全责任事故典型案例选编. 2010,北京市安全生产管理局.